高职高专"十三五"规划教材——机电专业系列

机械制图习题集

主　编　郭永成　刘一扬
副主编　岳晓旭　张小亚

东南大学出版社
·南京·

内 容 提 要

本书是高等职业教育机械大类"十三五"系列规划教材之一,是以教育部制定的《高职高专制图课程教学基本要求》为依据编写而成。全书共分九个模块,重点阐述了制图基础、投影基础、简单立体、组合体、轴测图、图样画法、标准件和常用件、零件图及装配图。

本书可作为高等职业技术学院、高等专科学校以及成人高等院校机械类专业机械制图课程的教材,也可供其他相关专业的师生及工程技术人员参考。

图书在版编目(CIP)数据

机械制图习题集 / 郭永成,刘一扬主编. — 南京:
东南大学出版社,2016.8(2022.12 重印)
ISBN 978-7-5641-6685-4

Ⅰ.①机… Ⅱ.①郭… ②刘… Ⅲ.①机械制图—高等职业教育—习题集 Ⅳ.①TH126-44

中国版本图书馆 CIP 数据核字(2016)第 197516 号

机械制图习题集

出版发行:	东南大学出版社
社 址:	南京市四牌楼 2 号 邮编:210096
出 版 人:	江建中
责任编辑:	史建农 戴坚敏
网 址:	http://www.seupress.com
电子邮箱:	press@seupress.com
经 销:	全国各地新华书店
印 刷:	兴化印刷有限责任公司
开 本:	787mm×1092mm 1/16
印 张:	6.5
字 数:	164 千字
版 次:	2016 年 8 月第 1 版
印 次:	2022 年 12 月第 6 次印刷
书 号:	ISBN 978-7-5641-6685-4
印 数:	9001—10500 册
定 价:	28.00 元

本社图书若有印装质量问题,请直接与营销部联系。电话:025-83791830

前　言

本书是高等职业教育机械大类"十三五"系列规划教材之一,是以教育部制定的《高职高专教育工程制图课程教学基本要求》为依据,本着基础教学以应用为目的、以够用为度的原则,根据机械大类高职高专人才培养计划的需求,在总结了近些年来机械制图教学改革的实践经验和在具有多年机械制图教学一线的同行意见的基础上编写而成,与郭永成主编的《机械制图》教材配套使用。

本习题集编写时根据高职高专的特点,本着够用为度的原则,加强制图基础知识、看图、画图基本技能方面的内容和技能训练。本习题集各模块均以典型零、部件为任务进行分析,以利于培养学生分析、解决问题的能力和实践绘图技能;在内容编排上,力求循序渐进,逐步深入提高,强化机械制图课程的实践教学环节,达到熟练运用所学理论知识的目的。

本习题集由江西工业职业技术学院郭永成、郑州财经学院刘一扬任主编,平顶山工业职业技术学院岳晓旭、武汉城市职业学院张小亚任副主编。全书由郭永成负责统稿。

本书可作为高等职业技术学院、高等专科学校以及成人高等院校机械类专业机械制图课程的辅导教材,也可供其他相关专业的师生及工程技术人员参考。由于编者水平有限,书中难免存在差错和欠妥之处,恳请读者批评指正。

编　者

2016 年 5 月

目　录

模块一　制图基础 ·· 1

模块二　投影基础 ·· 7

模块三　简单立体 ·· 14

模块四　组合体 ·· 26

模块五　轴测图 ·· 36

模块六　图样画法 ·· 40

模块七　标准件和常用件 ··· 55

模块八　零件图 ·· 63

模块九　装配图 ·· 74

参考文献 ··· 96

模块一　制图基础

1-1　字体练习。

机械制图技术要求表面粗糙度未注倒角形位公差正火硬度

ABCDEFGHIJKLMNOPQRSTUVWXYZØ1234567890

模块一 制图基础

1-2 图线练习,在指定位置抄画下列各种图线。

(1) 直线

(2) 圆

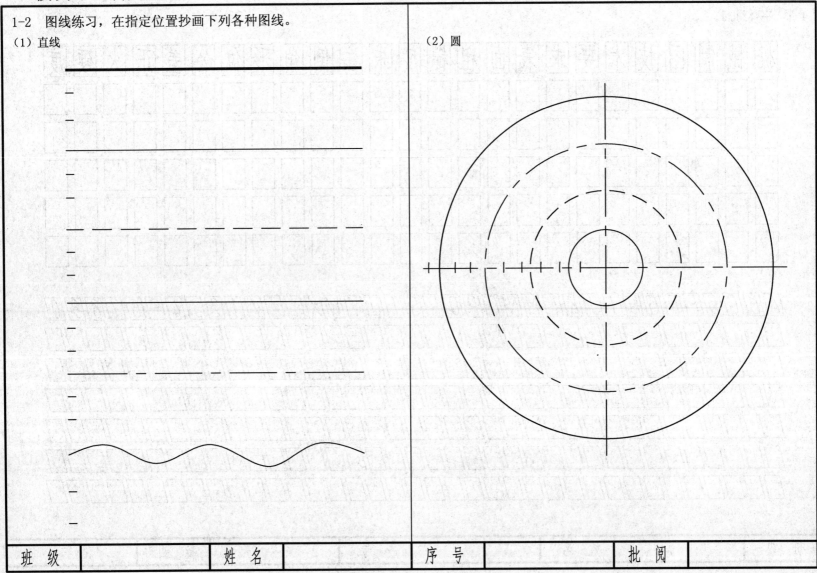

| 班级 | | 姓名 | | 序号 | | 批阅 | |

模块一 制图基础

1-3 尺寸标注，找出图中尺寸标注的错误，并在下图中相应的位置正确标注。

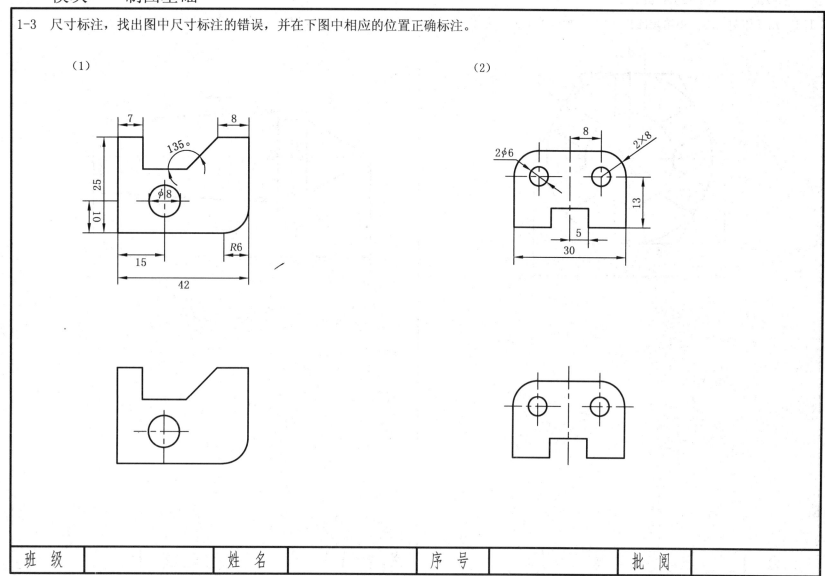

模块一　制图基础

1-4　几何作图（用图中给定的尺寸按1:1抄画图形）。

1-5　几何作图（用图中给定的尺寸按1:1抄画图形）。

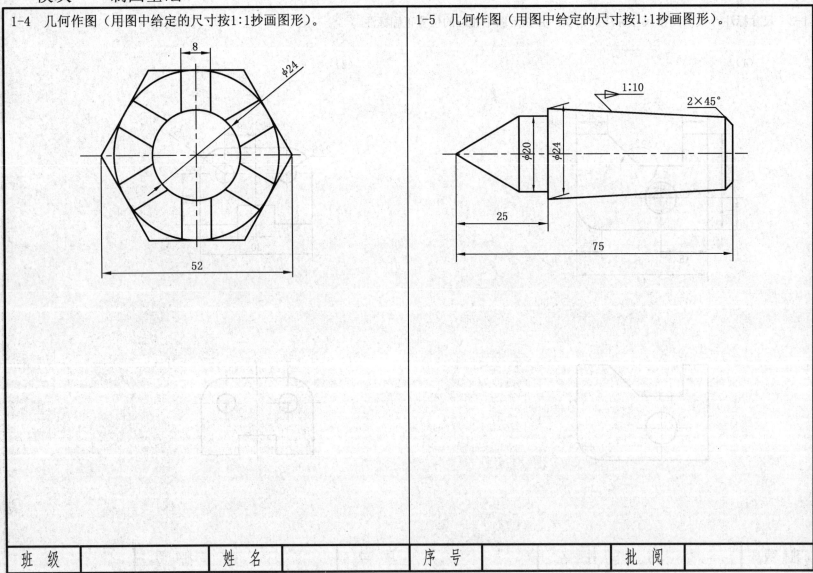

模块一 制图基础

1-6 绘制平面图形（用图中给定的尺寸按1:1抄画图形）。

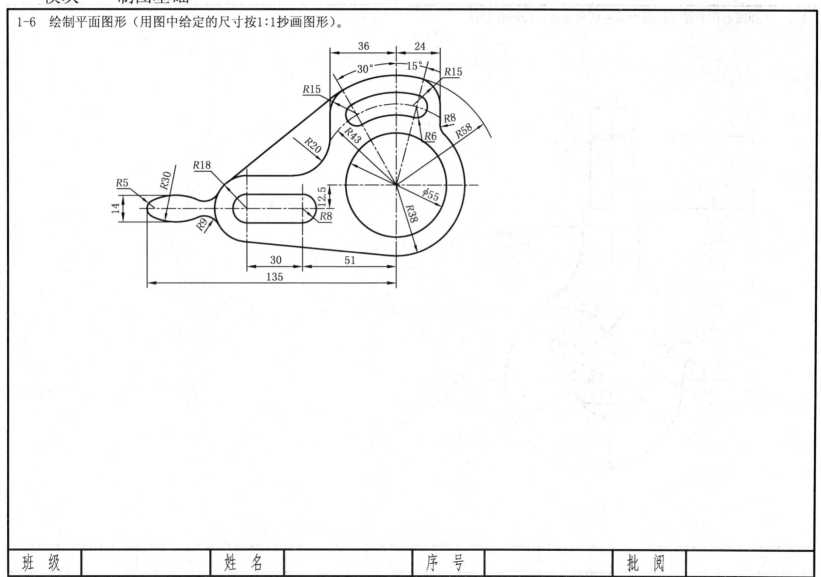

模块一 制图基础

1-7 平面图形作业题（用图中给定的尺寸按1:1抄画图形）。

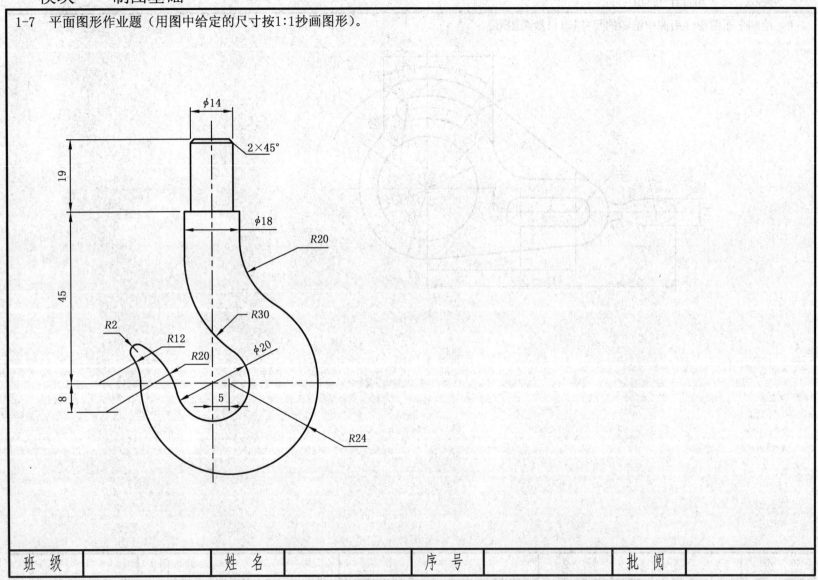

| 班级 | | 姓名 | | 序号 | | 批阅 | |

模块二 投影基础

2-1 点的投影，按给定点的坐标分别作点的三面投影图，并判断其空间位置（H、V、W面上，X、Y、Z轴，原点上，一般位置点）。

	A	B	C	D	E	F	G	H
X	10	12	8	0	14	0	0	0
Y	12	8	0	10	0	12	0	0
Z	10	0	13	15	0	0	10	0
空间位置								

模块二 投影基础

2-2 已知点A在V面之前18，点B在H面之上5，点C在V面上，点D在H面上，点E在投影轴上，补全诸点的两面投影。

2-3 已知各点的两面投影，求第三面投影。

2-4 已知点A的坐标为(12, 10, 25)，点B在点A左方10 mm、下方15 mm、前方10 mm，点C在点A的正前方15 mm，试求点B和点C的三面投影。

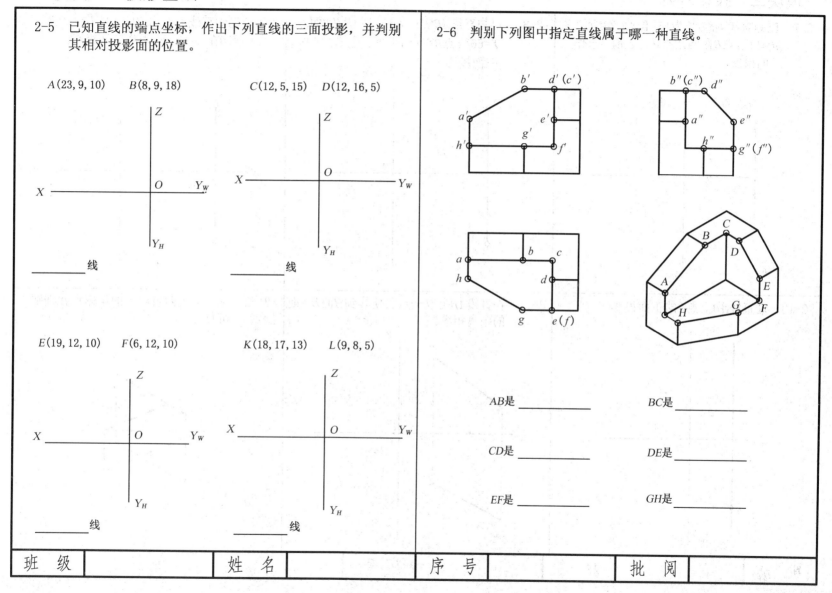

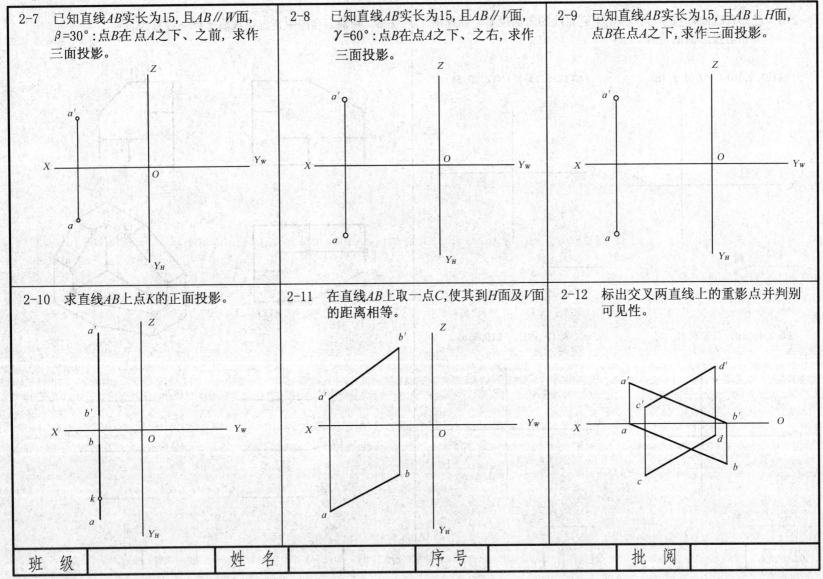

模块二 投影基础

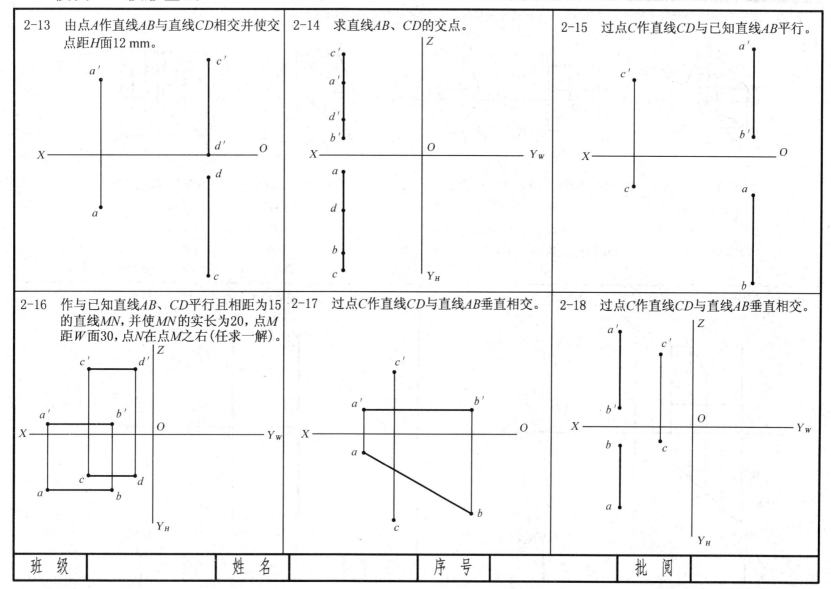

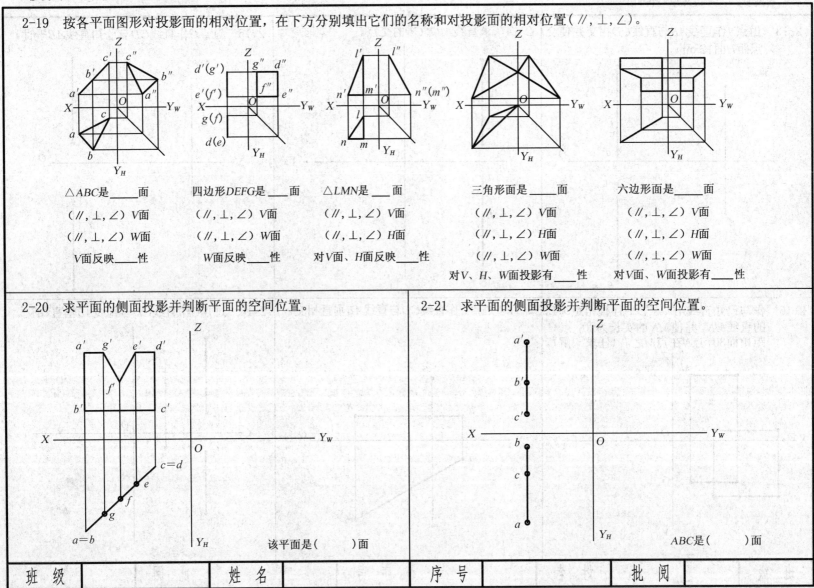

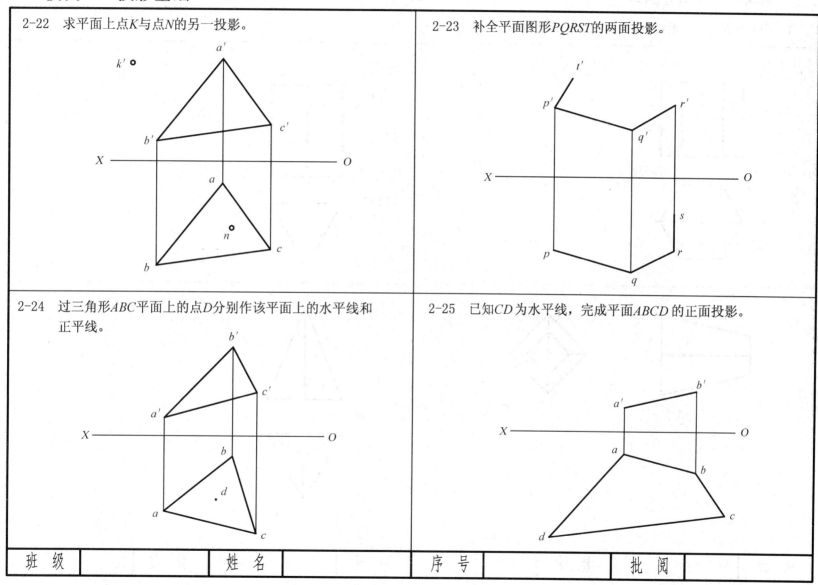

模块三 简单立体

3-1 作平面立体第三面投影及其表面上的点的投影。

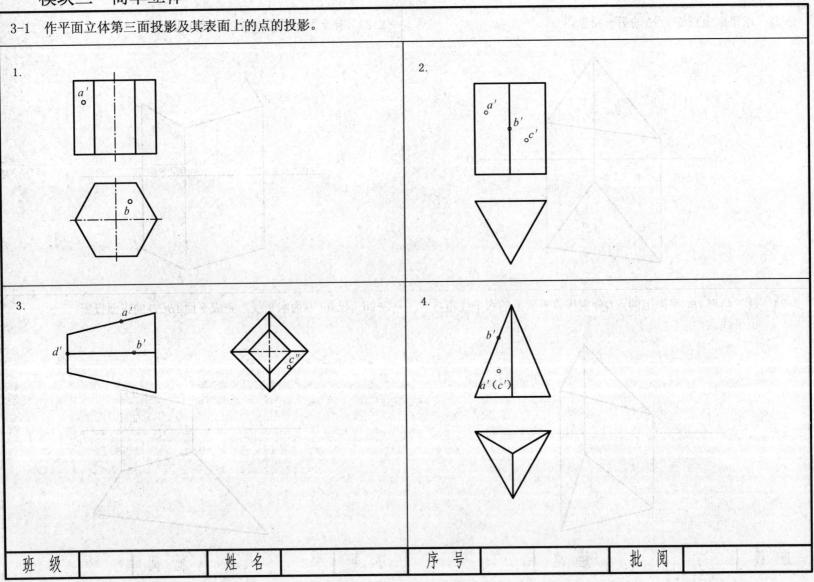

模块三 简单立体

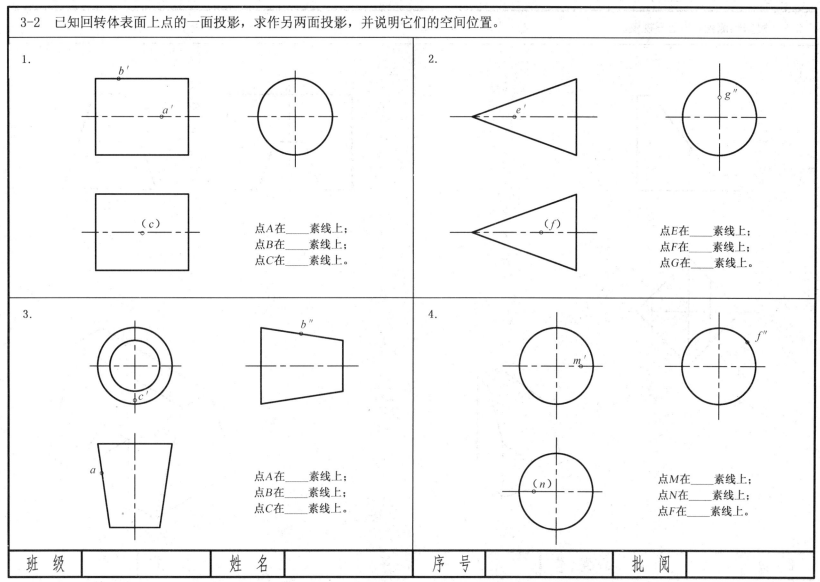

模块三 简单立体

3-3 根据轴测图,补全三视图。

1.

2.

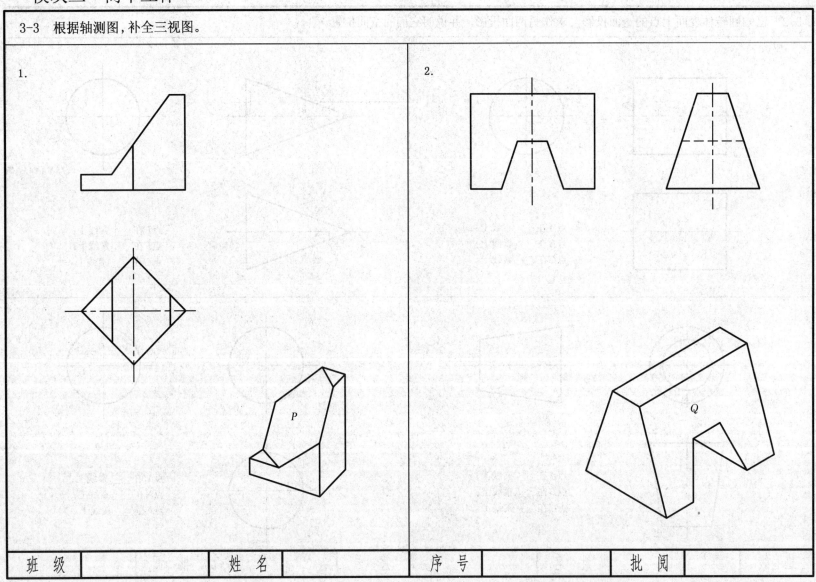

| 班级 | | 姓名 | | 序号 | | 批阅 | |

模块三 简单立体

3-4 求作平面体截交线的投影，并完成第三面投影。

1.

2.

3.

4.

模块三 简单立体

3-5 补全被截切后的视图,并完成第三面投影。

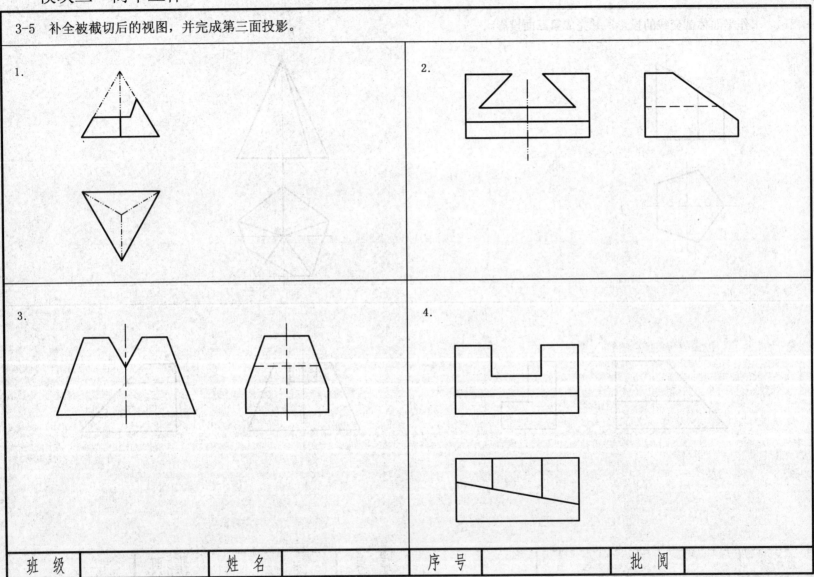

模块三 简单立体

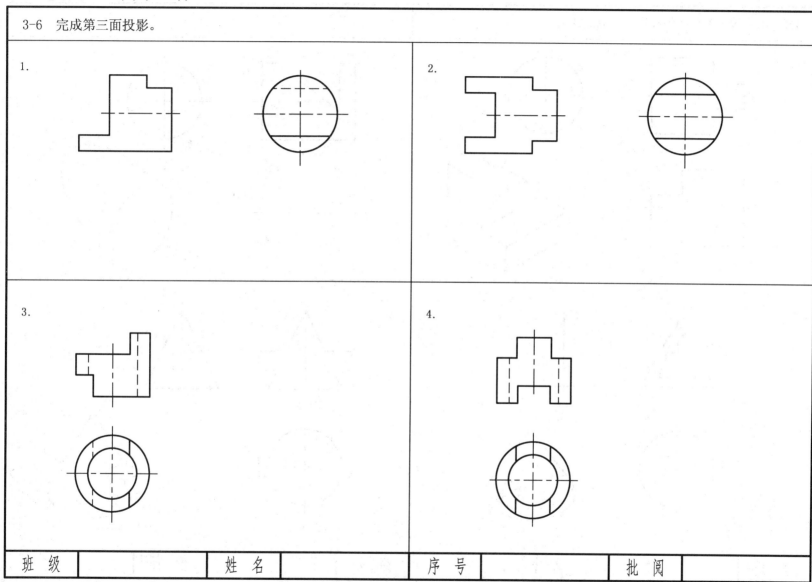

模块三 简单立体

3-7 求回转体截交线的投影，完成三视图。

1.

2.

3.

4.

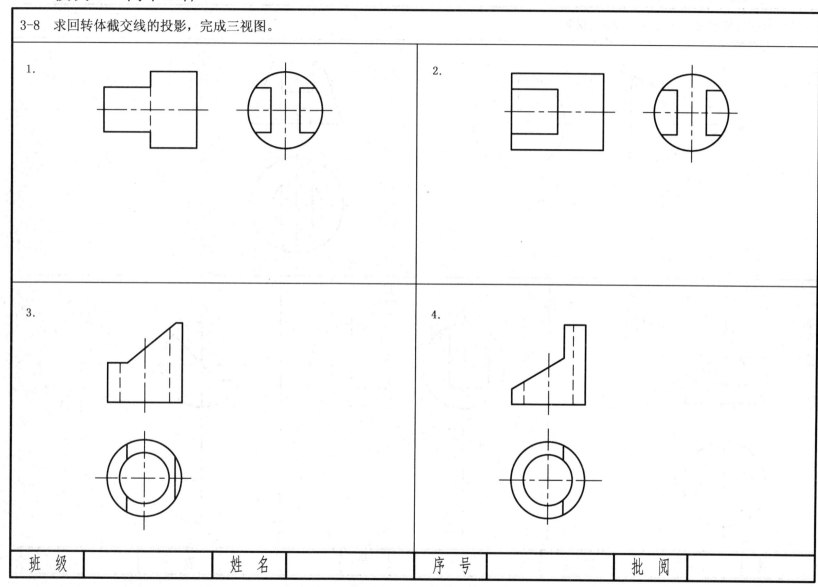

模块三 简单立体

3-9 求回转体截交线的投影，完成三视图。

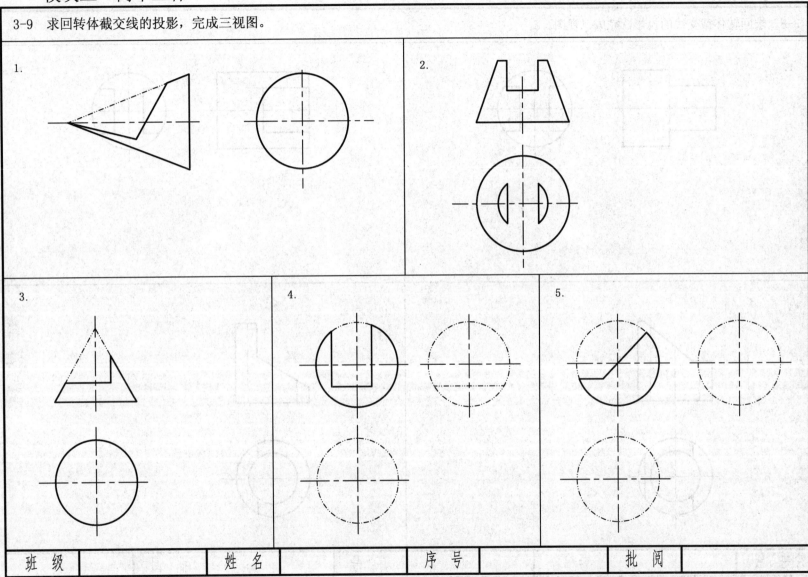

模块三 简单立体

3-10 已知主视图和俯视图,选择正确的左视图。

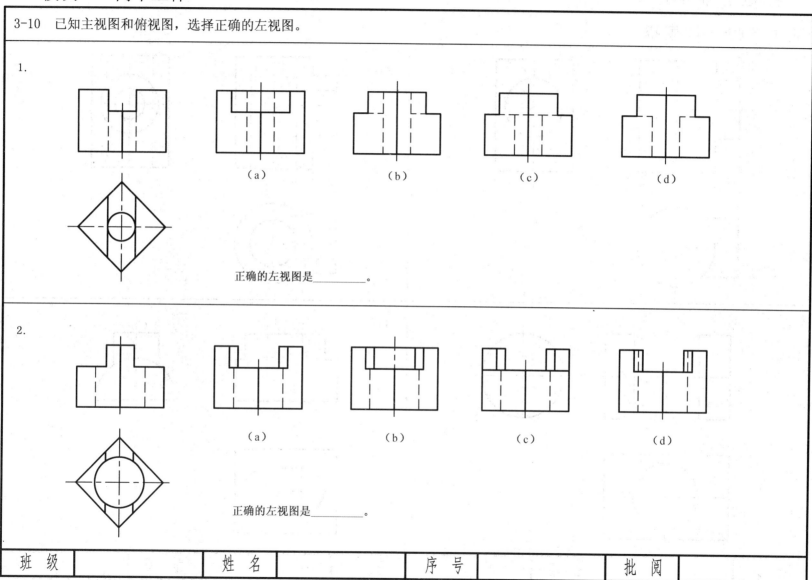

1. 正确的左视图是_____。

2. 正确的左视图是_____。

模块三 简单立体

3-11 求相贯线的正面投影。

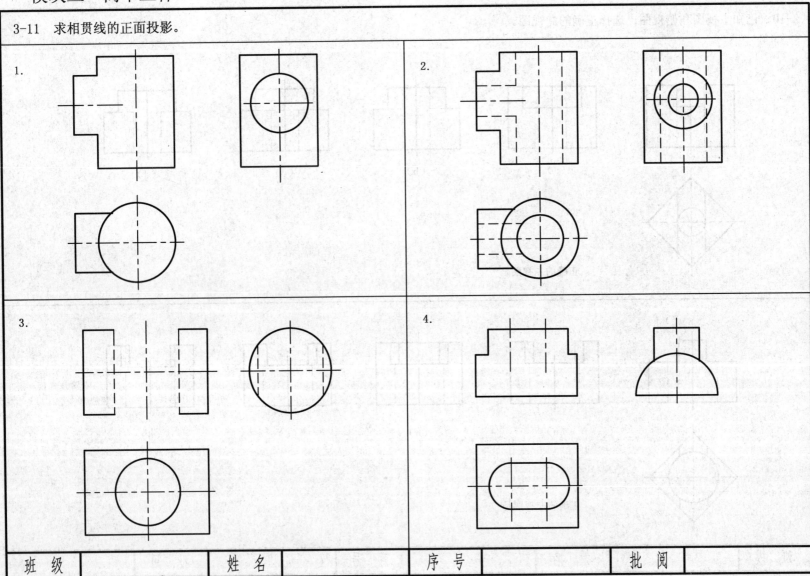

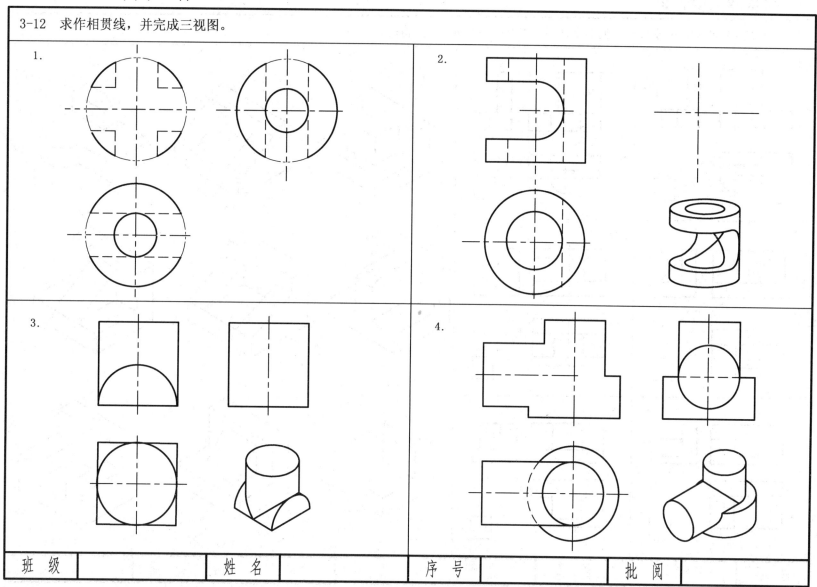

模块四 组合体

4-1 看懂所给视图，分别找出它们的立体图，将对应序号填写在方格内。

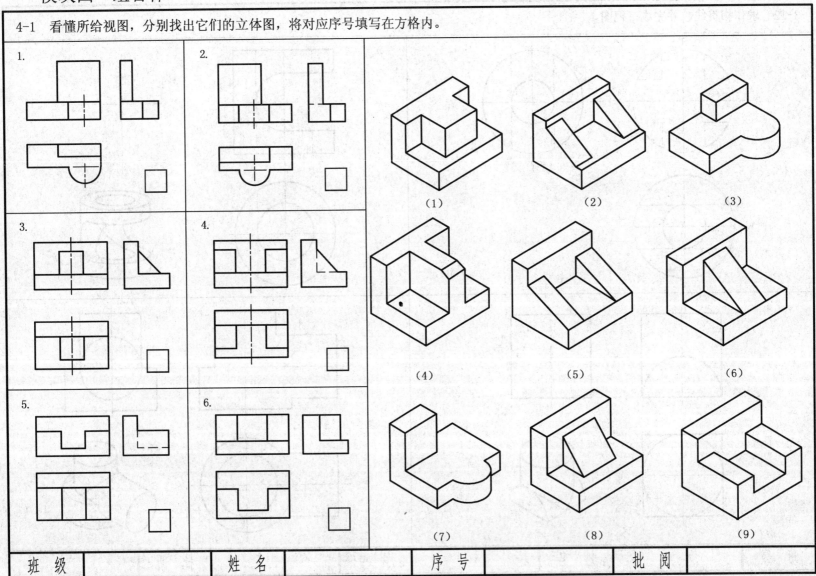

模块四 组合体

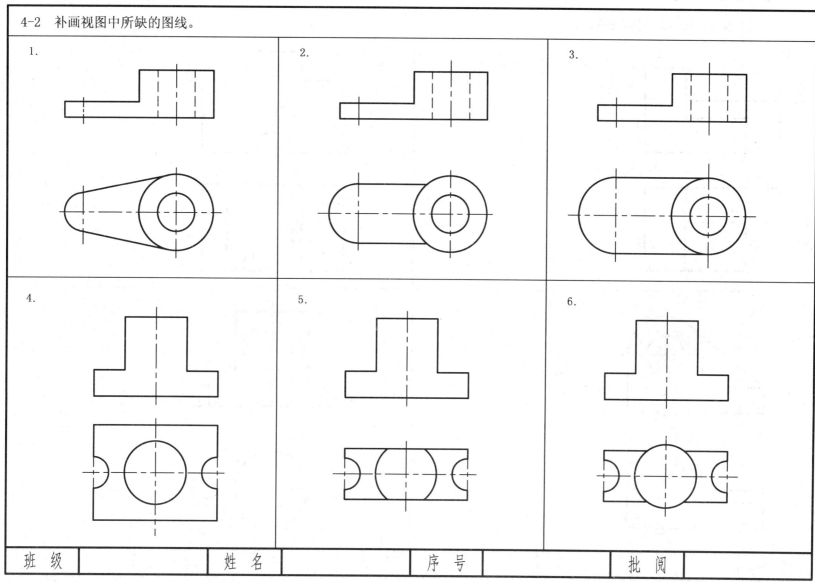

模块四 组合体

4-3 已知主视图和俯视图，补画左视图。

1.

2.

3.

4.

| 班级 | | 姓名 | | 序号 | | 批阅 | |

模块四 组合体

4-4 读两视图，补画第三视图。

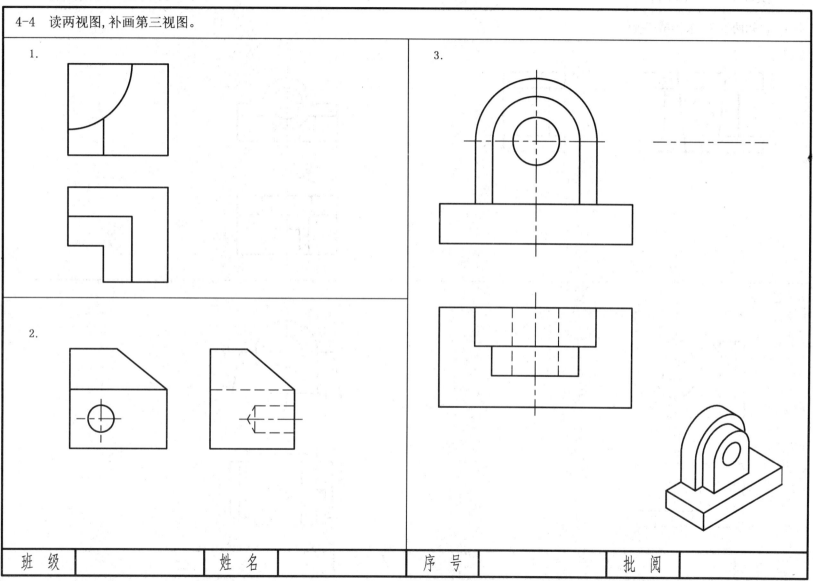

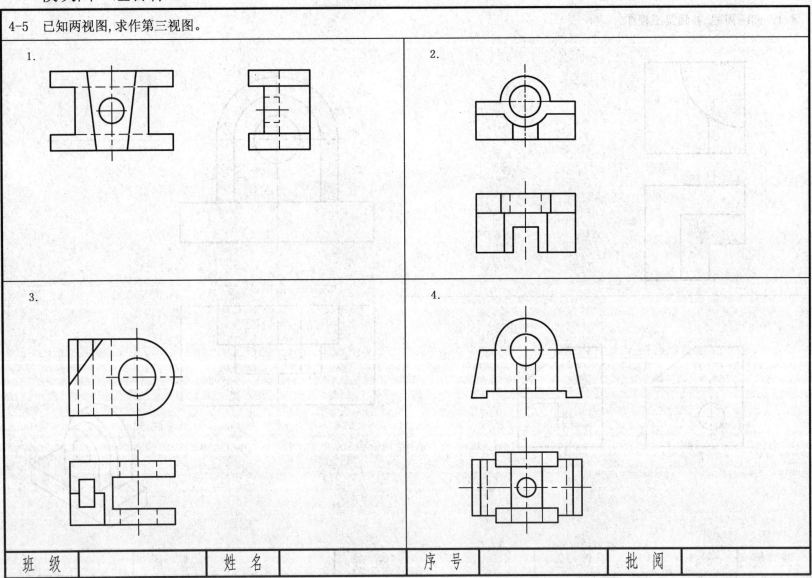

模块四　组合体

4-6　已知主视图和俯视图，补画左视图。

1.

2.

3.

4.

模块四 组合体

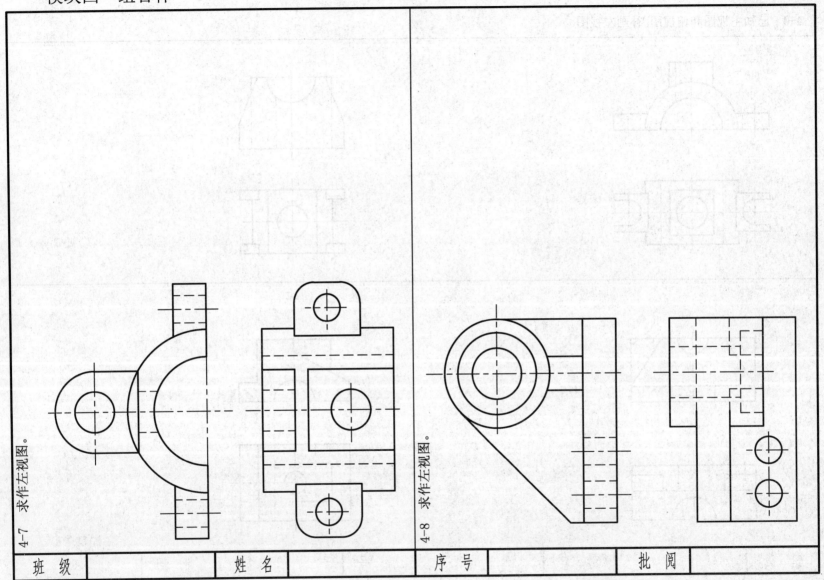

4-7 求作左视图。

4-8 求作左视图。

模块四 组合体

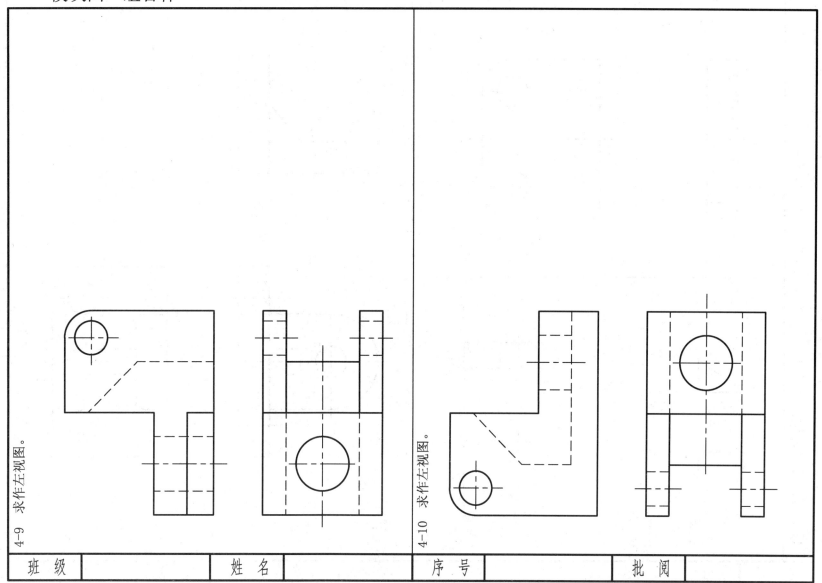

模块四 组合体

4-11 完成下列基本体及组合体尺寸标注（尺寸从图中量取并取整数）。

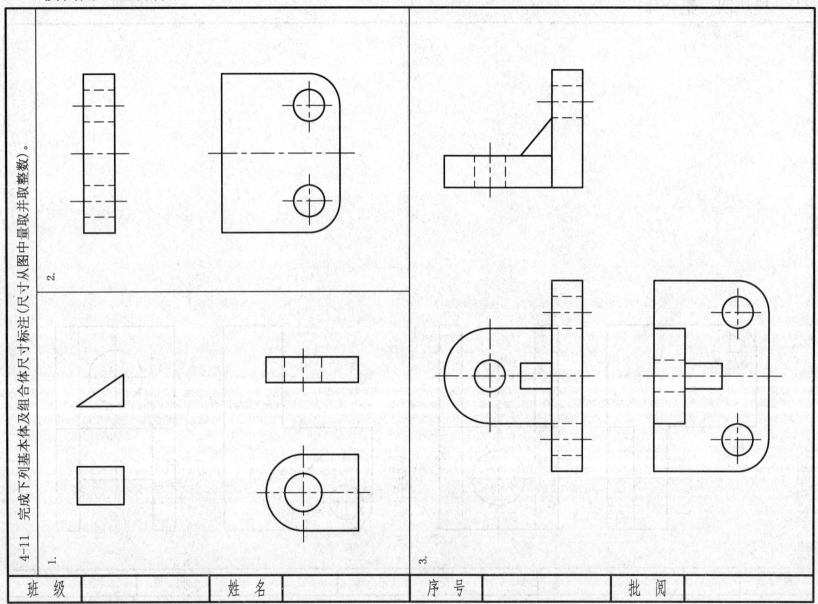

模块四 组合体

4-12 根据轴测图，求作三视图。

1.

2.

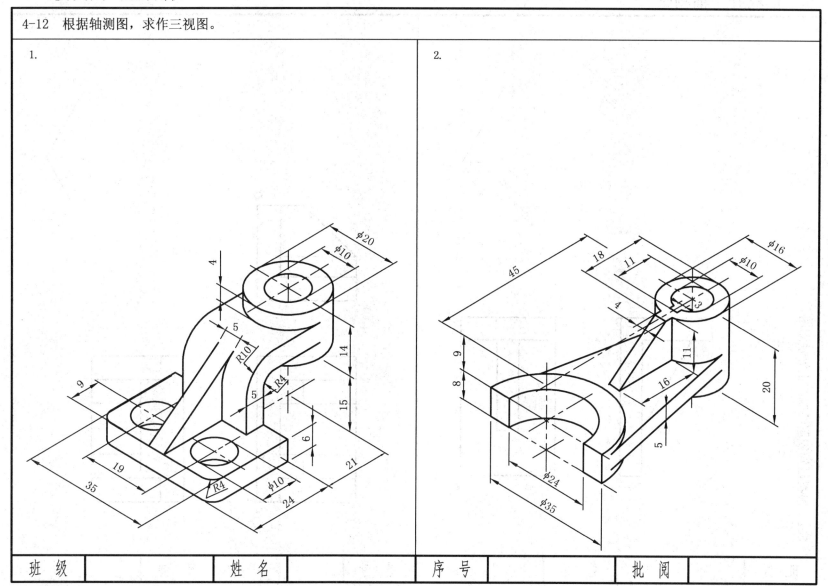

模块五 轴测图

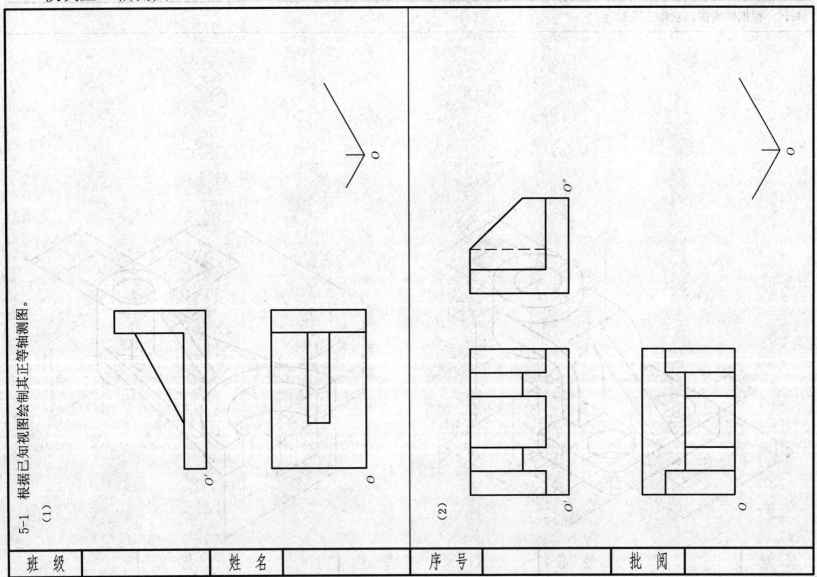

5-1 根据已知视图绘制其正等轴测图。
(1)
(2)

模块五 轴测图

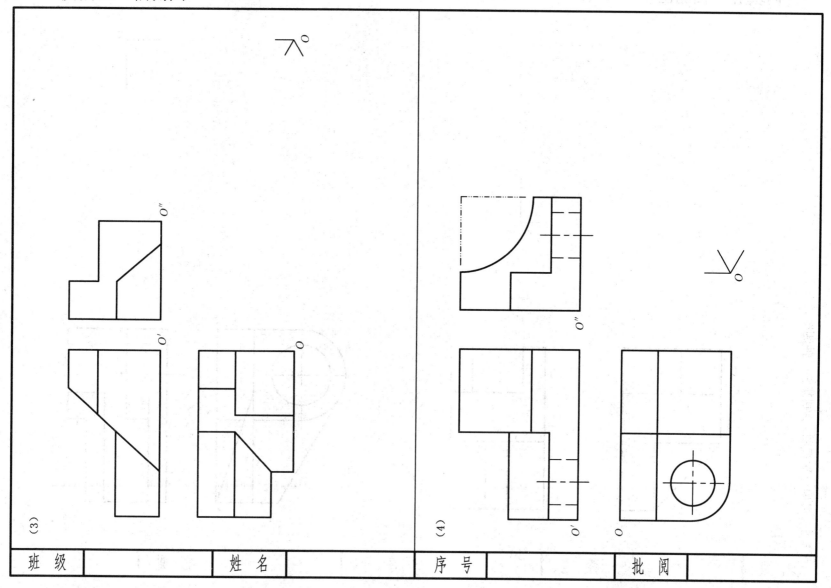

模块五 轴测图

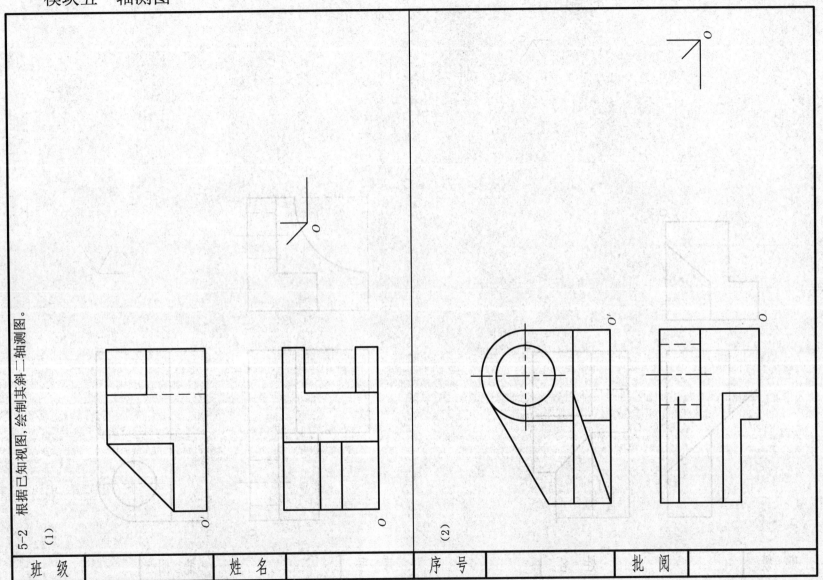

5-2 根据已知视图，绘制其斜二轴测图。

模块五 轴测图

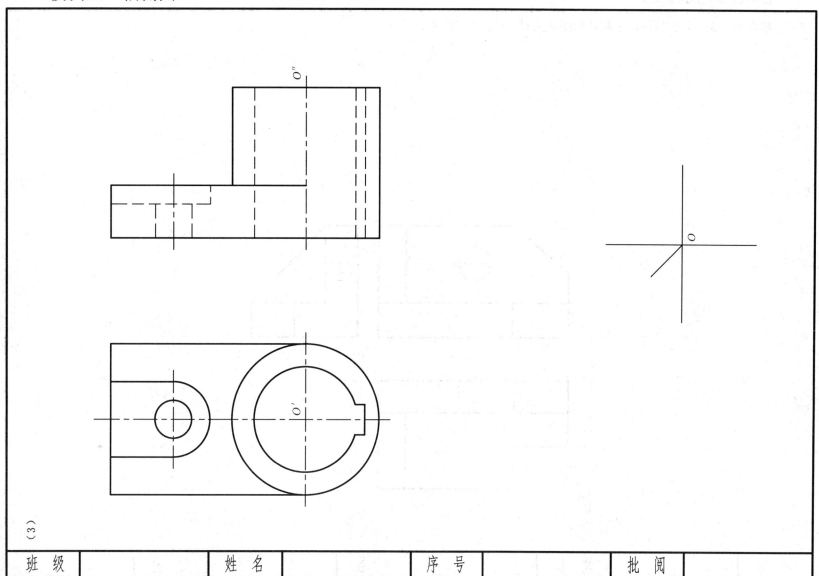

(3)

| 班级 | | 姓名 | | 序号 | | 批阅 | |

模块六　图样画法

6-1　根据主、俯、左三视图，参照轴测图补画右、后、仰三视图。

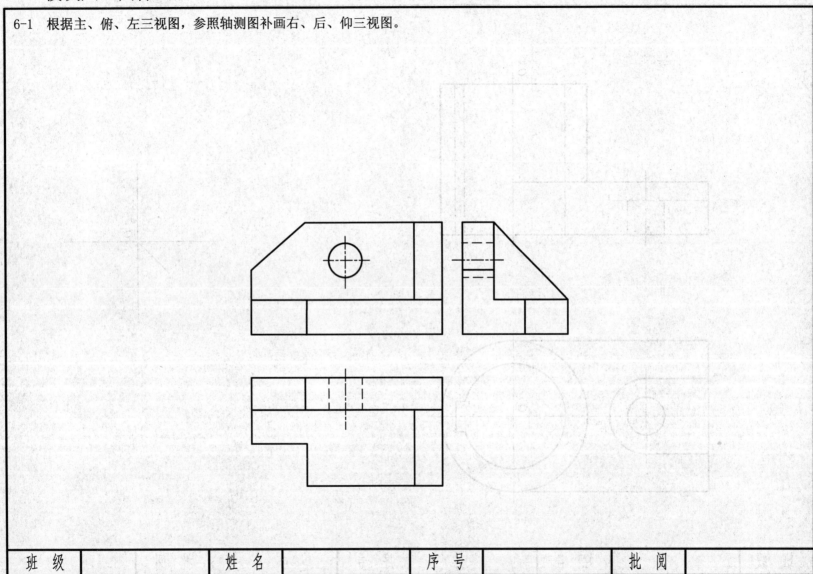

| 班级 | | 姓名 | | 序号 | | 批阅 | |

模块六 图样画法

6-2 根据主视图和轴测图，在指定位置补画一个斜视图和一个局部视图。

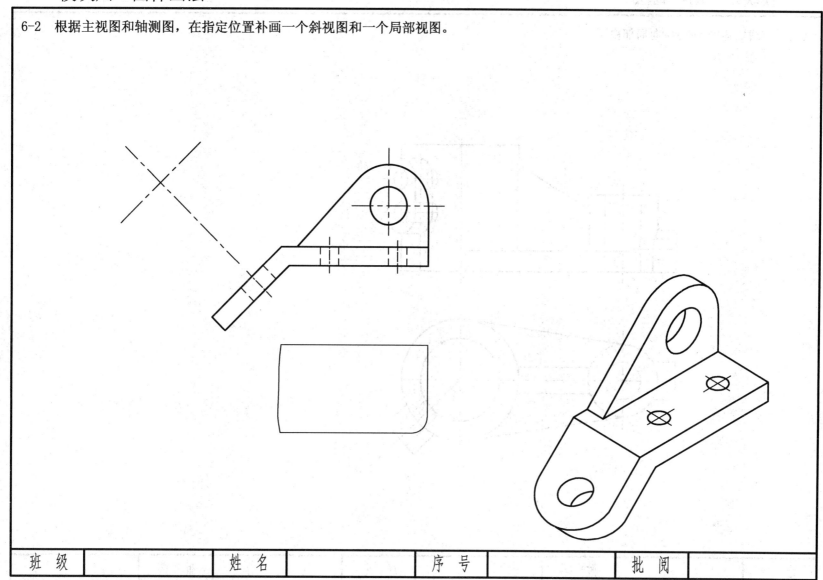

模块六　图样画法

6-3　完成立体的A向和B向局部视图。

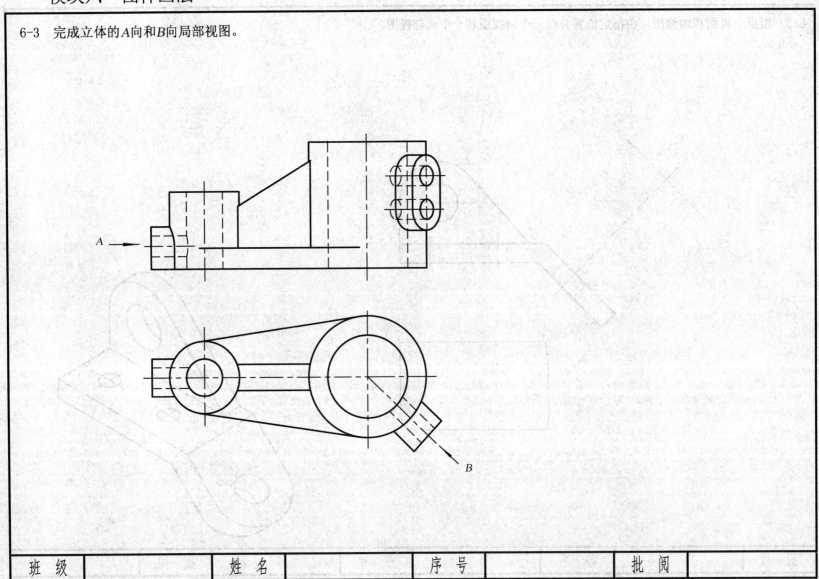

模块六　图样画法

6-4 改正剖视图中的错误(将缺的线补上,多余的线上打"×")。

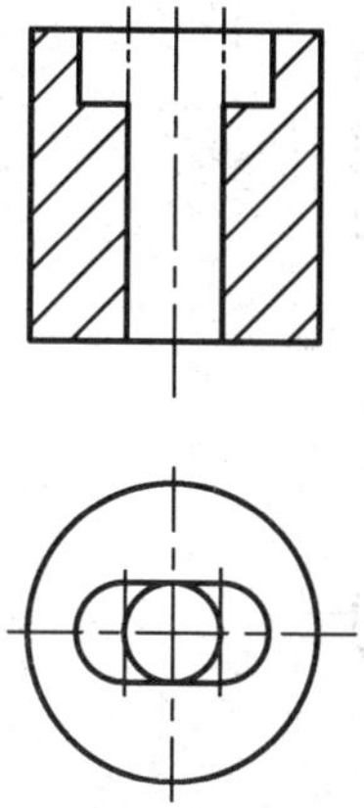

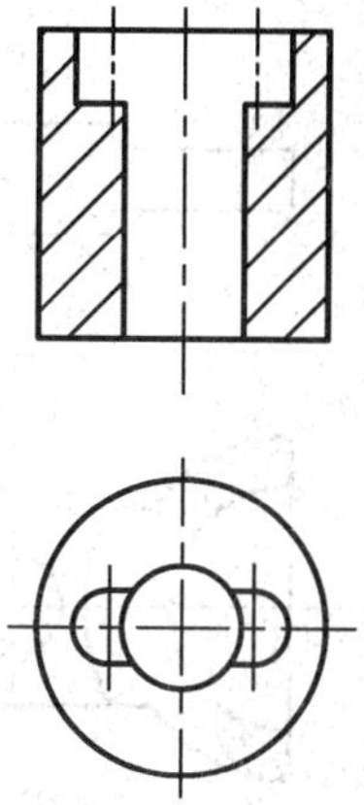

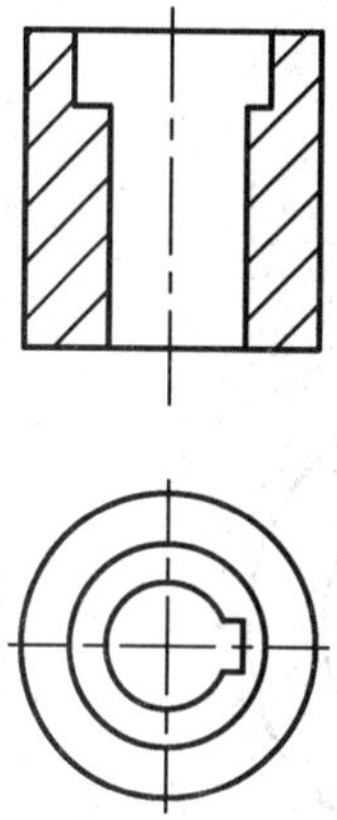

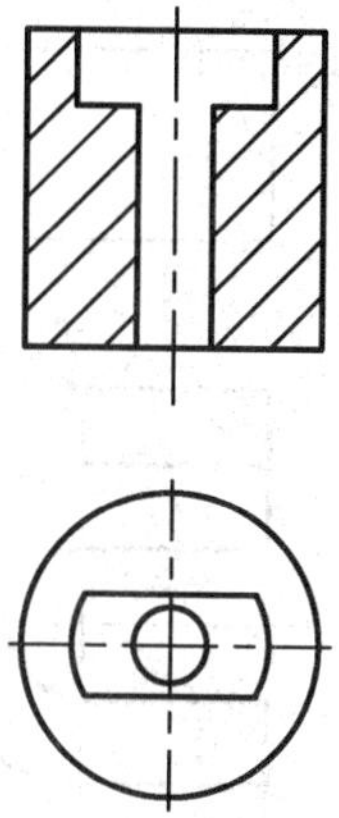

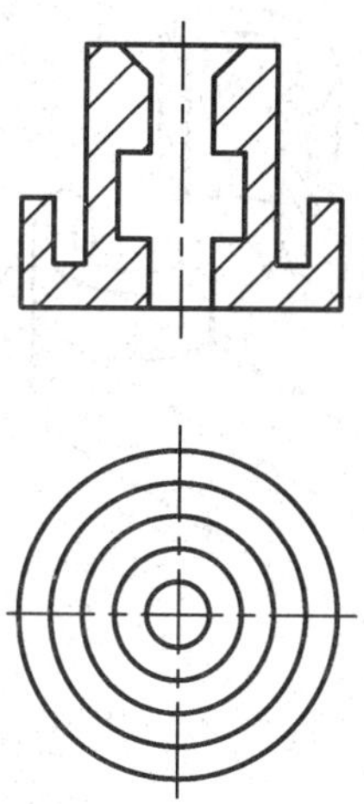

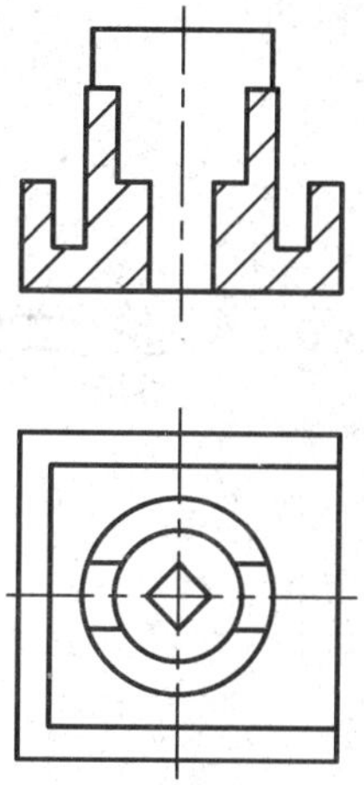

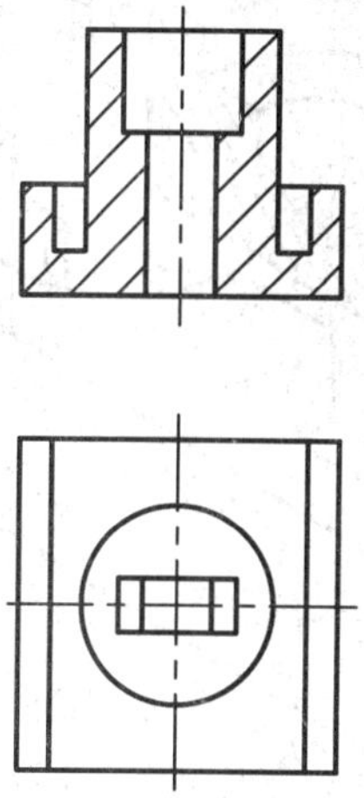

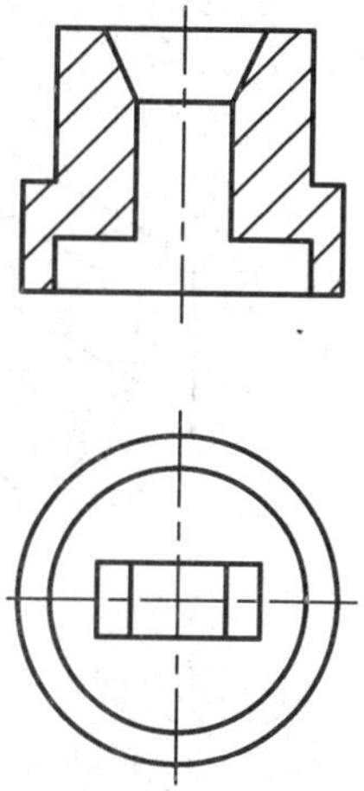

模块六 图样画法

6-5 参照轴测图，将主视图画成全剖视图。

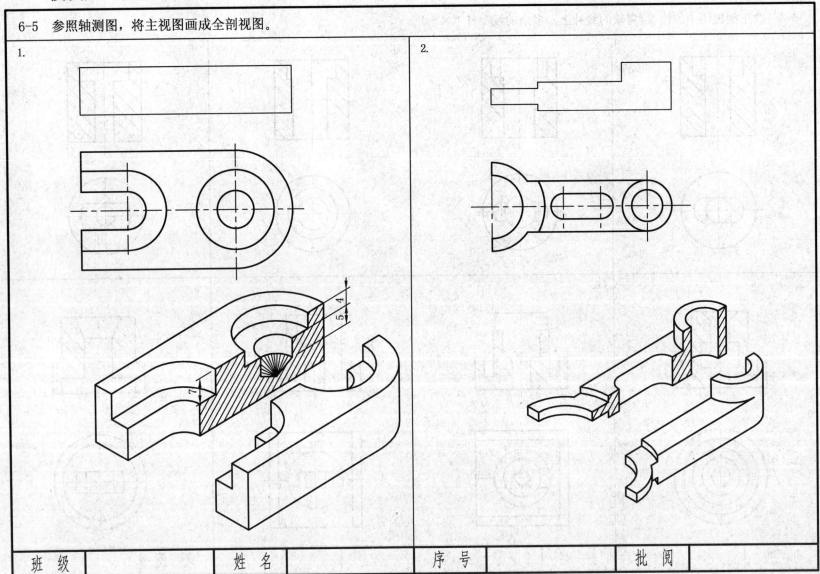

模块六 图样画法

6-6 补画剖视图中所缺的图线。

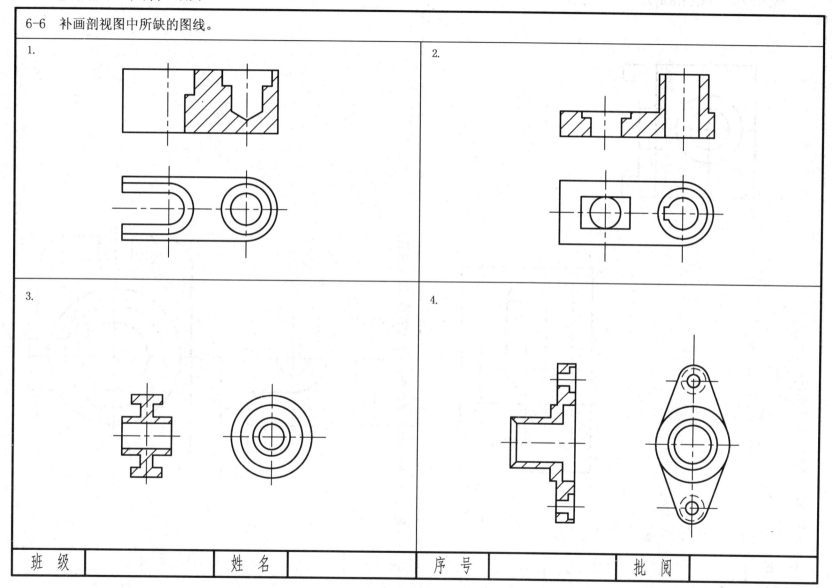

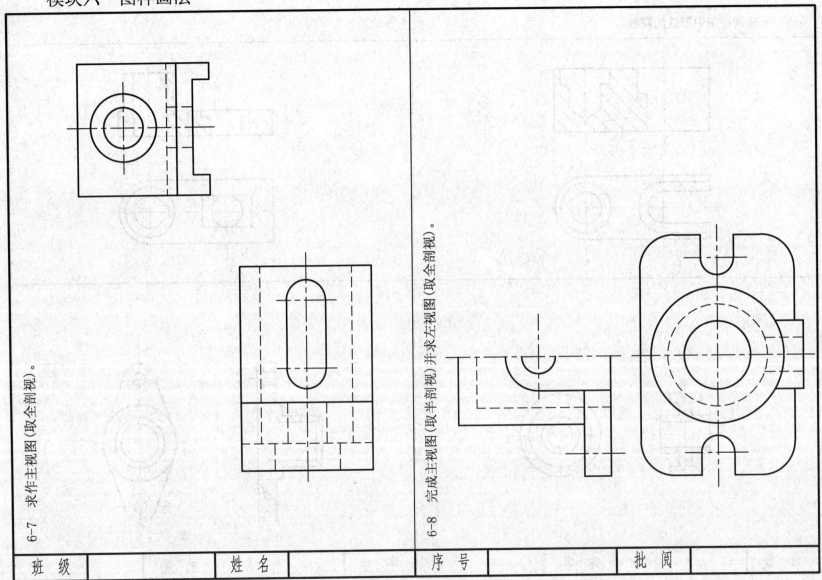

模块六　图样画法

6-9 将主视图和俯视图改画成局部剖视图(画在右边)。

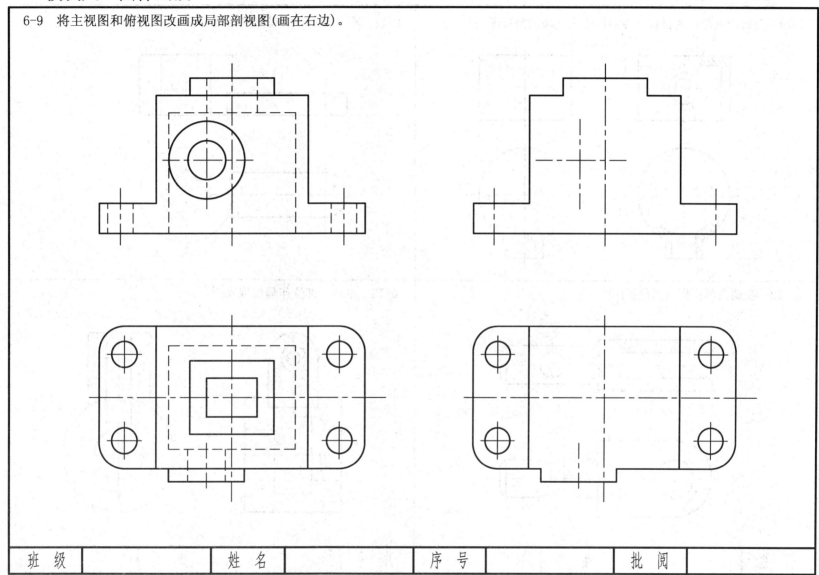

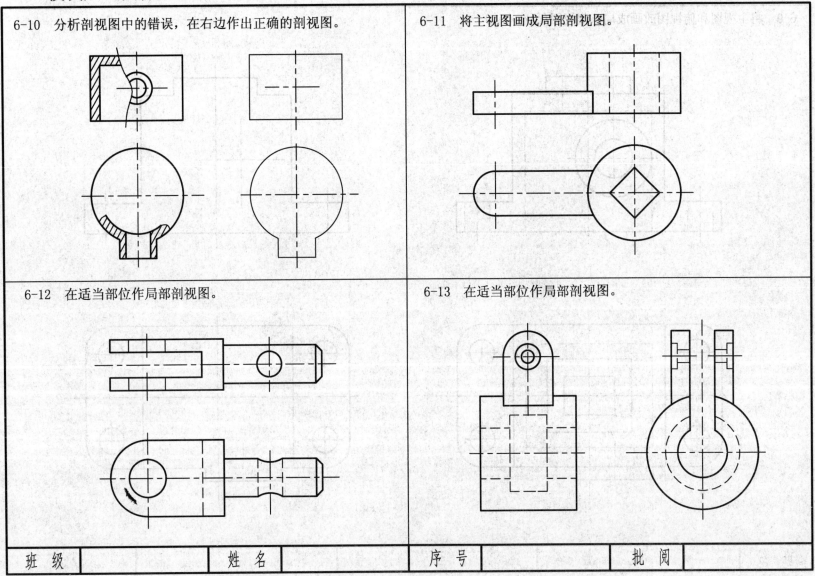

模块六　图样画法

6-14　将主视图改画成旋转剖视图。

1.

2.

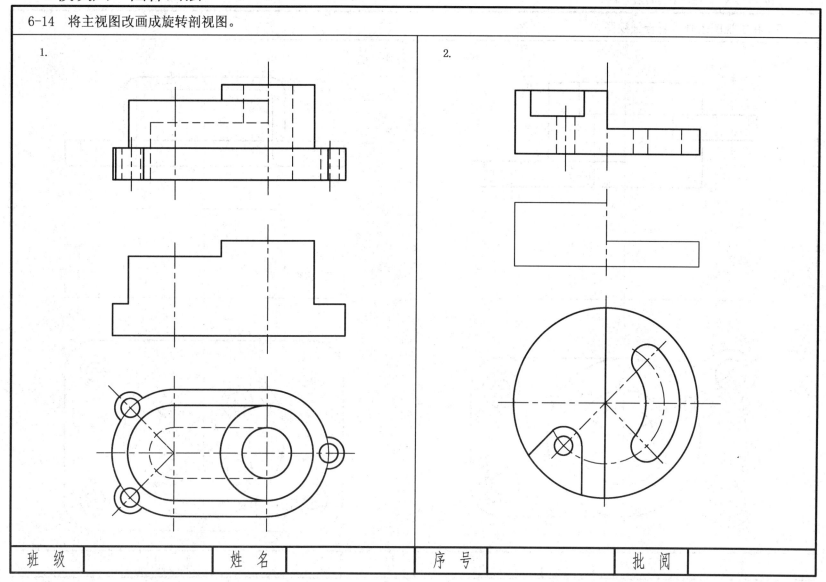

模块六 图样画法

6-15 将主视图改画成复合剖视图。

1.

2.

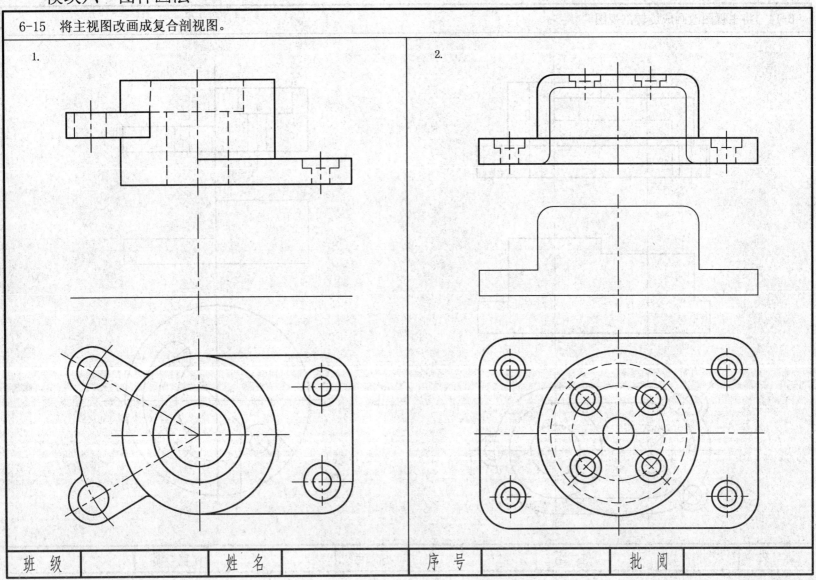

| 班级 | | 姓名 | | 序号 | | 批阅 | |

模块六　图样画法

6-16　在指定位置画出正确的剖视图。

1.

2.

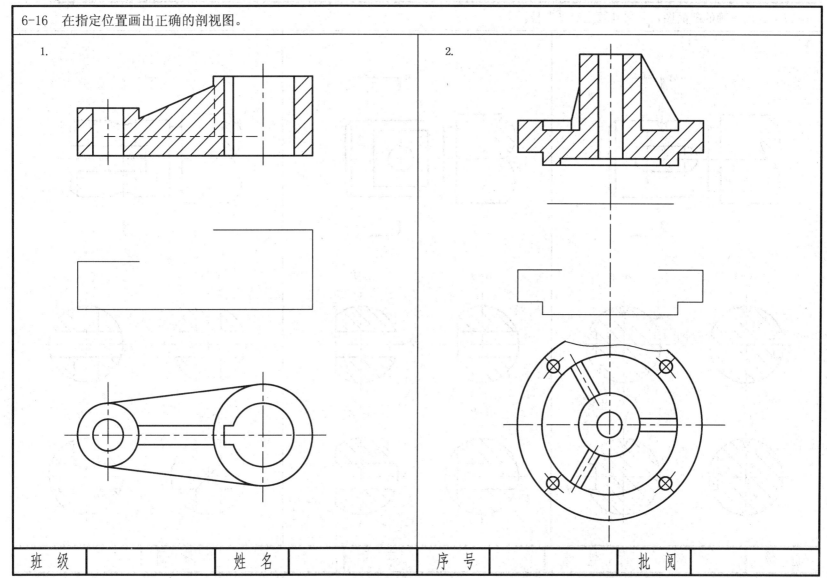

模块六　图样画法

6-17　选出正确的断面图，并将其画上"√"号。

1.　　　　　　　　　　　2.　　　　　　　　　　　3.

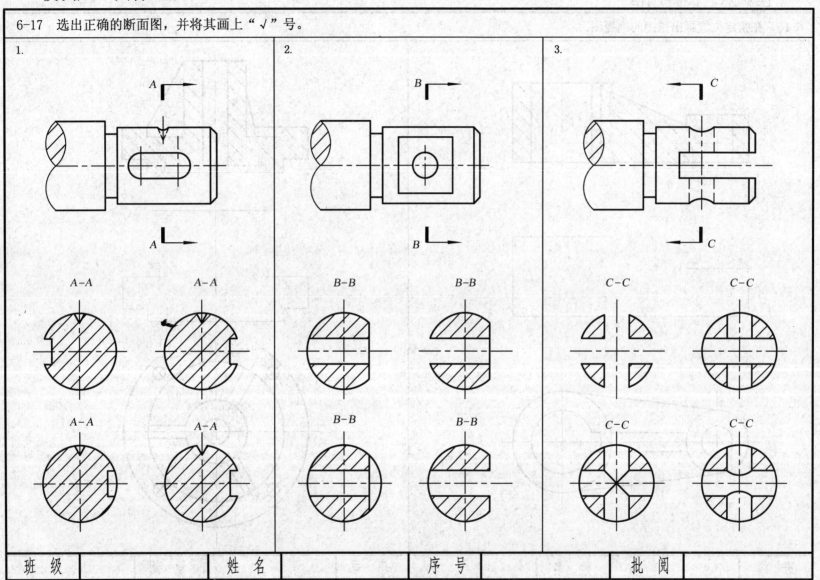

模块六 图样画法

6-18 改正断面图中的错误,在指定位置画上正确的断面图。

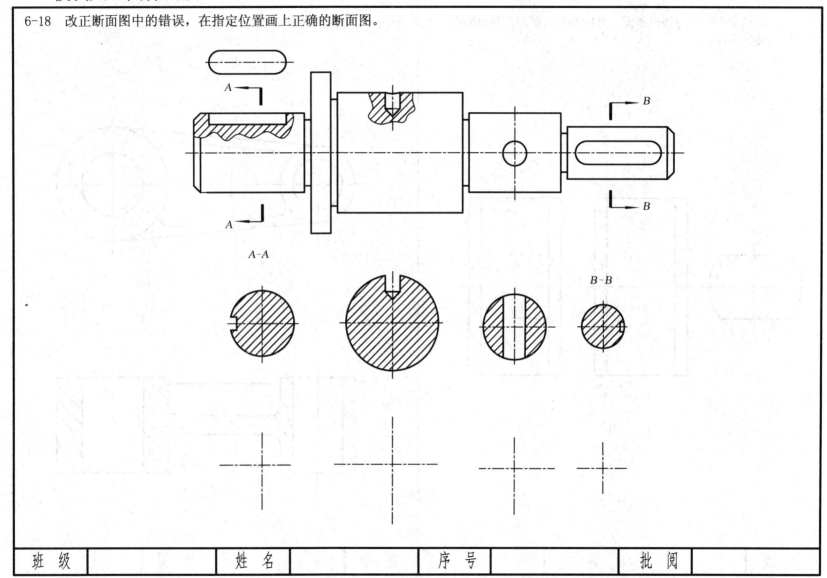

模块六 图样画法

6-19 完成重合断面与移出断面,并回答重合断面与移出断面有何不同。

6-20 在指定位置画出重合断面。

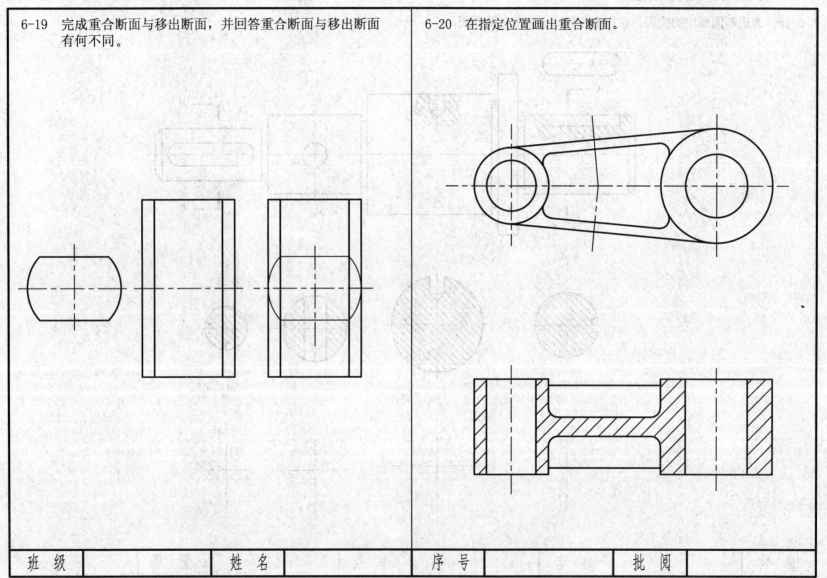

模块七 标准件和常用件

7-1 检查下列螺纹画法中的错误,将正确的画在下面。

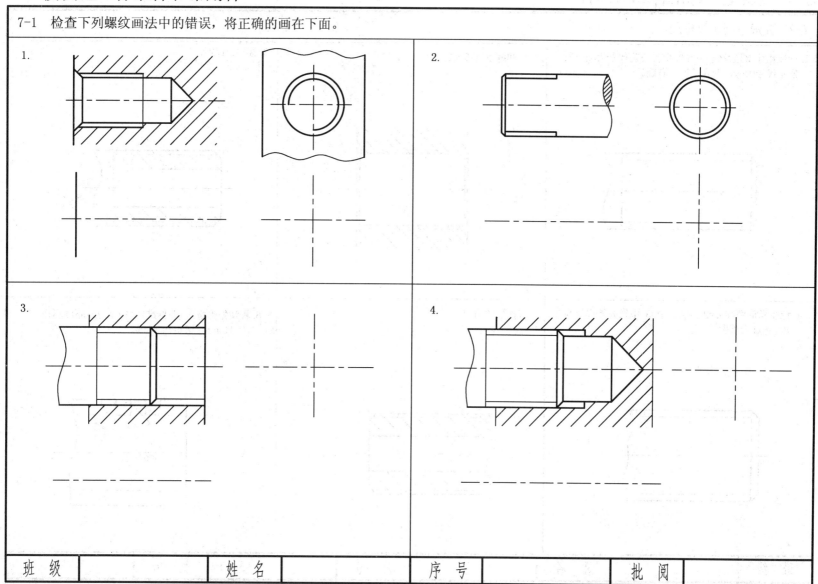

模块七 标准件和常用件

7-2 完成下列螺纹标注。

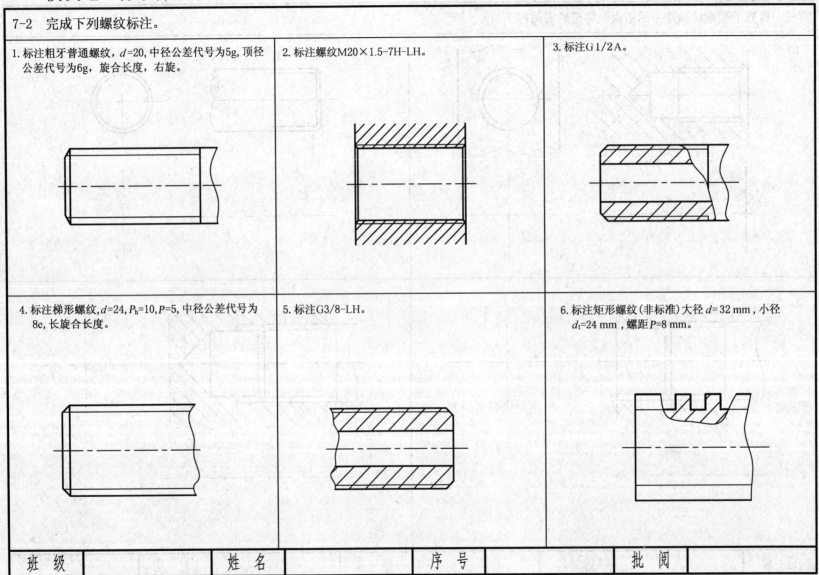

1. 标注粗牙普通螺纹，$d=20$，中径公差代号为5g，顶径公差代号为6g，旋合长度，右旋。

2. 标注螺纹M20×1.5-7H-LH。

3. 标注G1/2A。

4. 标注梯形螺纹，$d=24$，$P_h=10$，$P=5$，中径公差代号为8e，长旋合长度。

5. 标注G3/8-LH。

6. 标注矩形螺纹(非标准)大径$d=32\,mm$，小径$d_1=24\,mm$，螺距$P=8\,mm$。

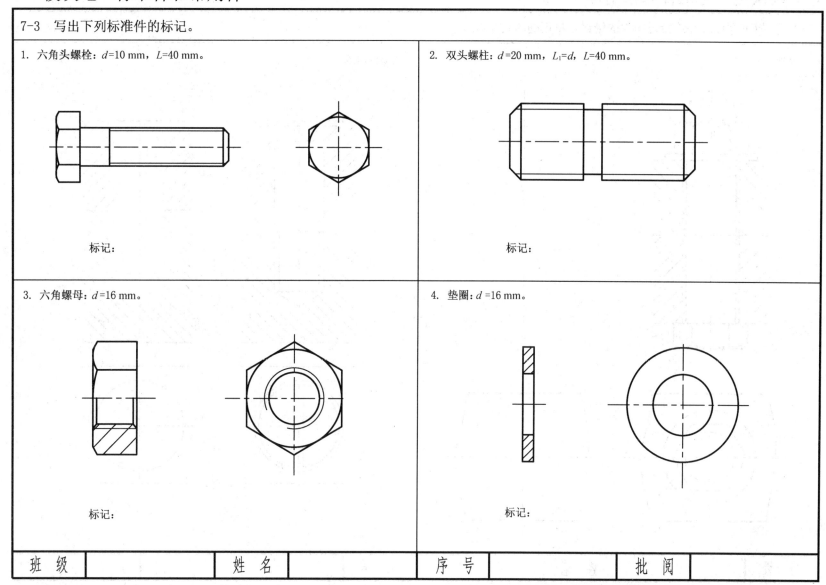

模块七 标准件和常用件

7-4 分析下列标准件连接视图中的错误,将正确的画在右边。

1. 螺栓连接。

2. 螺钉连接。

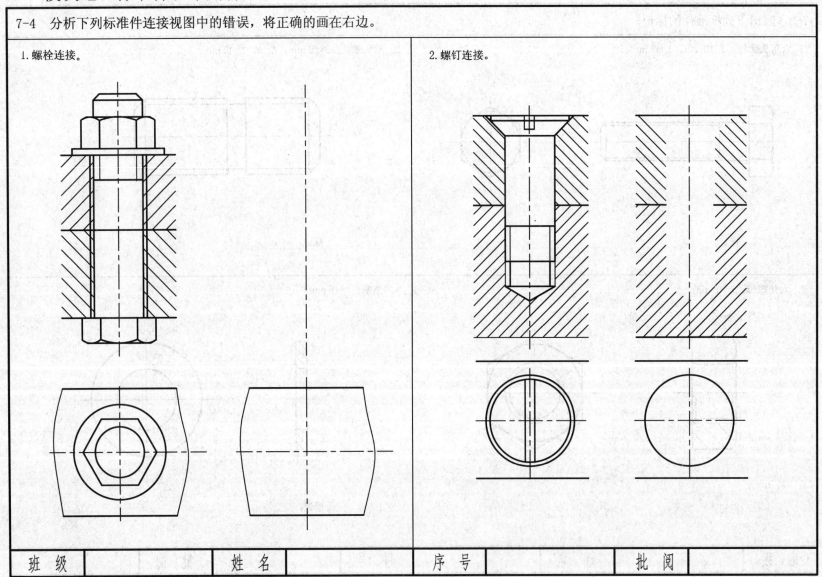

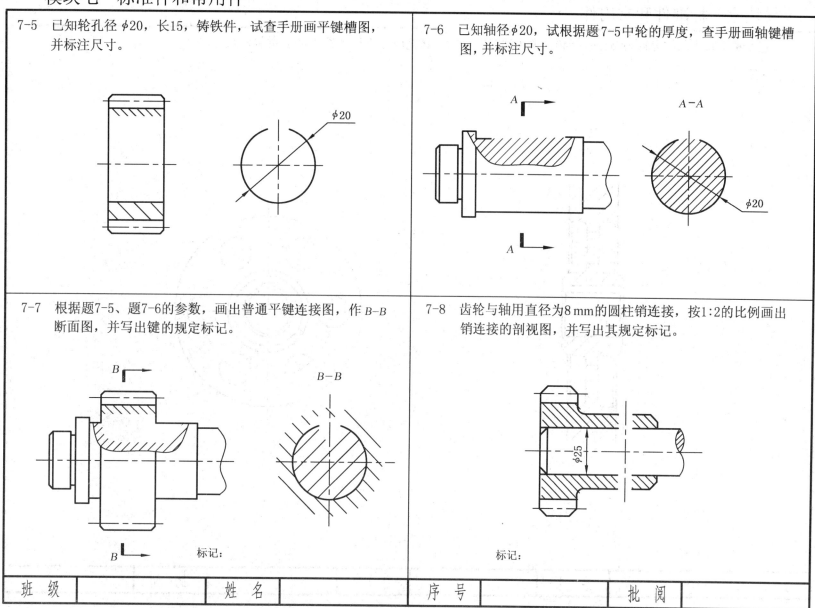

模块七 标准件和常用件

7-9 已知标准直齿圆柱齿轮 m=5mm,z=40,轮齿端部倒角C2,试完成齿轮两视图(1:2),并标注尺寸。

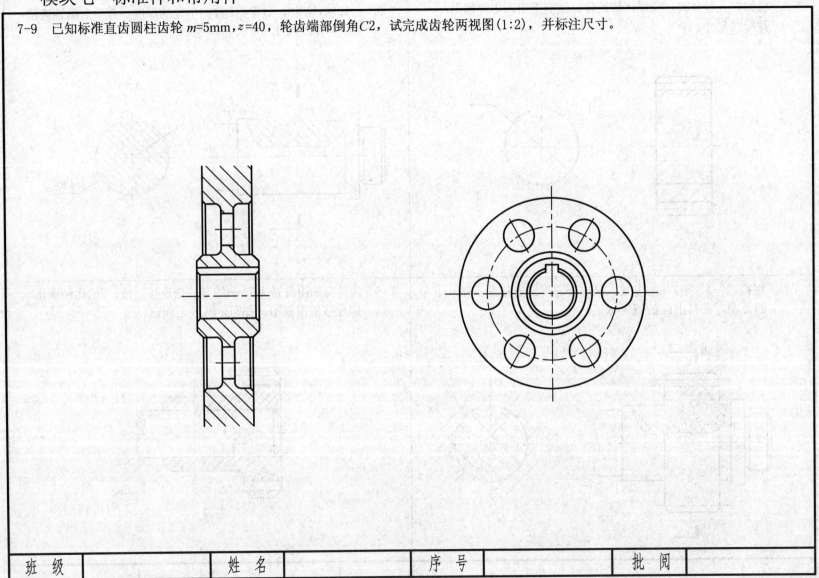

模块七 标准件和常用件

7-10 已知大齿轮 $m=4$, $z_{大}=40$,两轮中心距 $a=120$ mm,试计算大、小齿轮的基本尺寸(填入表中),并用1:2的比例完成啮合图。

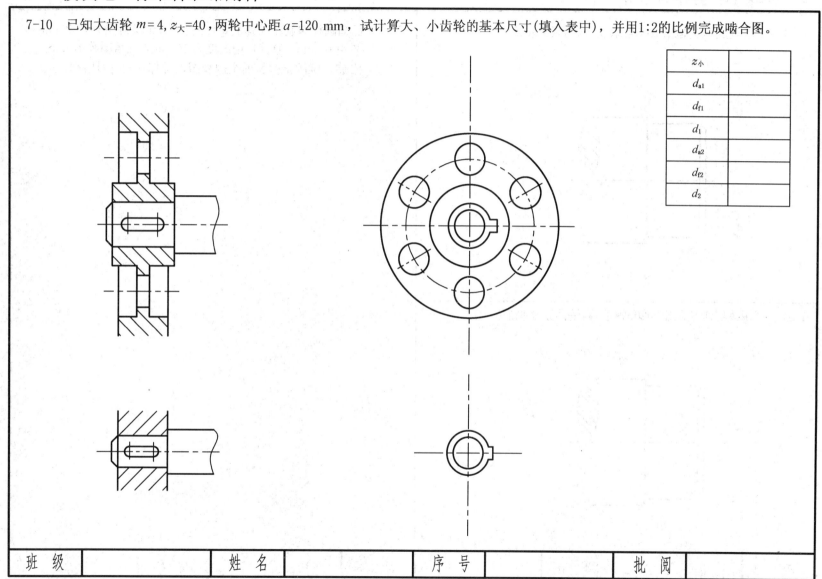

$z_{小}$	
d_{a1}	
d_{f1}	
d_1	
d_{a2}	
d_{f2}	
d_2	

模块七 标准件和常用件

7-11 试用规定画法画出6206轴承（右端面紧靠轴肩）。

7-12 试用规定画法画出30206轴承（右端面紧靠轴肩）。

7-13 已知圆柱螺旋压缩弹簧簧丝直径6 mm，弹簧外径56 mm，节距10 mm，弹簧自由高度为90 mm，支承圈数$n_0=2.5$，右旋，试画出弹簧的全剖视图，并标注尺寸（比例1:1）。

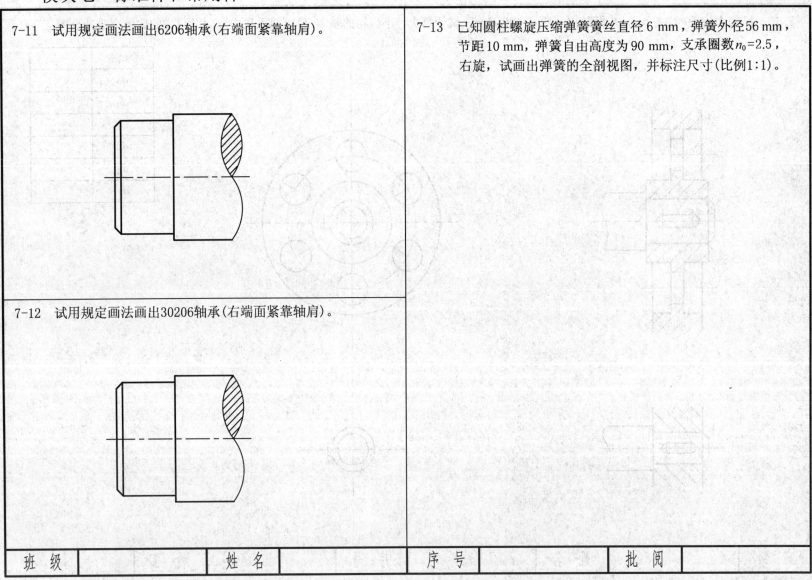

模块八 零件图

8-1 分析图中的尺寸标注，回答下列问题。

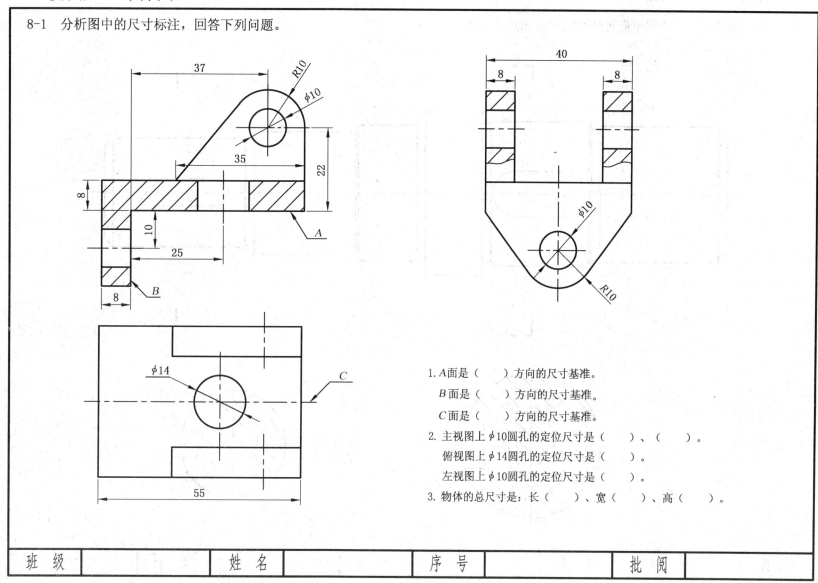

1. A面是（　　）方向的尺寸基准。
   B面是（　　）方向的尺寸基准。
   C面是（　　）方向的尺寸基准。
2. 主视图上 $\phi 10$ 圆孔的定位尺寸是（　　）、（　　）。
   俯视图上 $\phi 14$ 圆孔的定位尺寸是（　　）。
   左视图上 $\phi 10$ 圆孔的定位尺寸是（　　）。
3. 物体的总尺寸是：长（　　）、宽（　　）、高（　　）。

模块八 零件图

8-2 标注轴的尺寸（由图中量取整数），并指出尺寸基准。

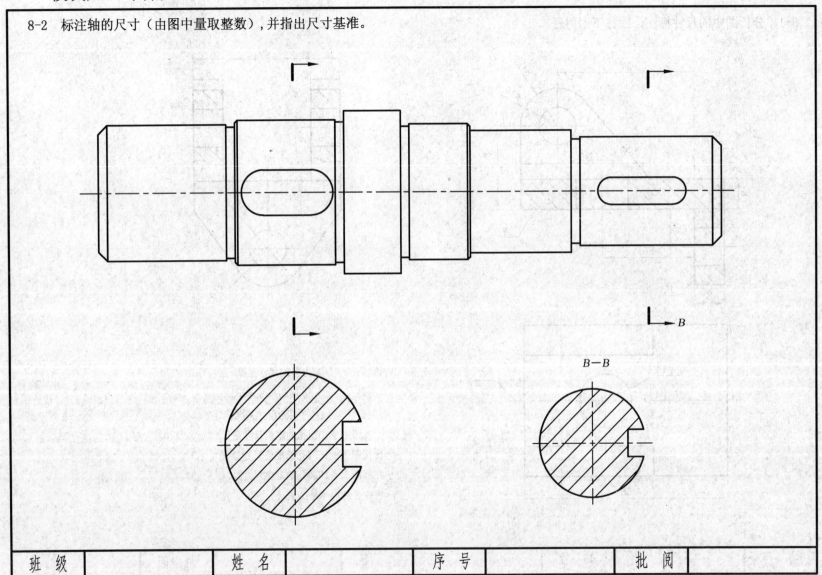

模块八　零件图

8-3 根据装配图中所标注的配合代号，说明其配合的基准制、配合种类，并分别在相应的零件图上注写其基本尺寸和公差代号。

1. $\phi 15H7/g6$　基准制：
　　　　　　　配合种类：

　$\phi 25H7/p6$　基准制：
　　　　　　　配合种类：

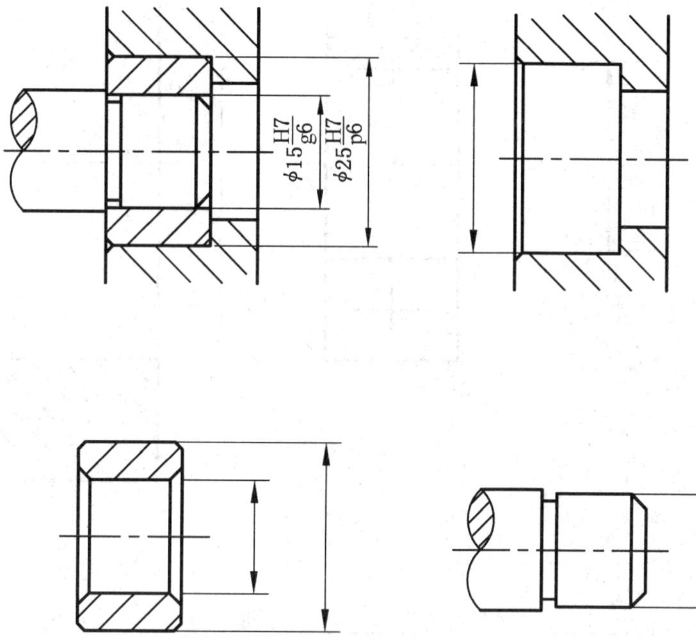

2. $\phi 10G7/h6$　基准制：
　　　　　　　配合种类：

　$\phi 10N7/h6$　基准制：
　　　　　　　配合种类：

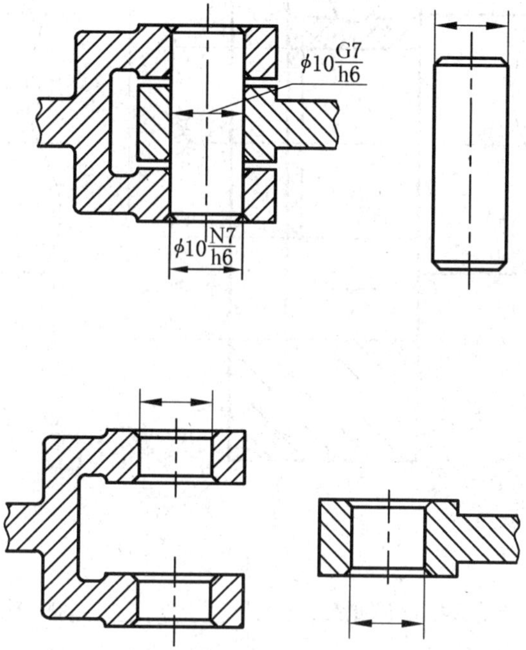

模块八 零件图

8-4 根据装配图中的配合代号，在零件图上分别标出孔和轴的尺寸公差代号，查出偏差数值并填空。

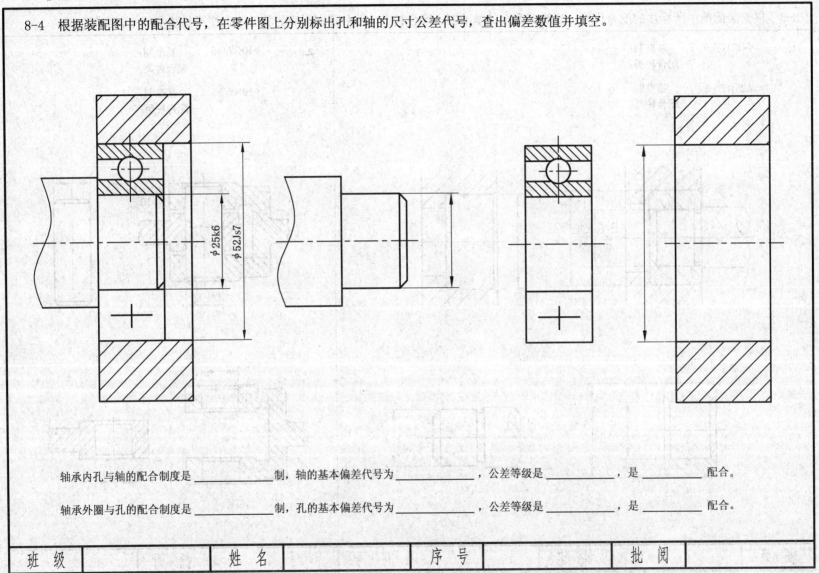

轴承内孔与轴的配合制度是 _____ 制，轴的基本偏差代号为 _____ ，公差等级是 _____ ，是 _____ 配合。

轴承外圈与孔的配合制度是 _____ 制，孔的基本偏差代号为 _____ ，公差等级是 _____ ，是 _____ 配合。

模块八　零件图

8-5 (1)标注零件尺寸(从图中量取尺寸数值,取整数);
(2)按表中给出的 *Ra* 数值标注表面粗糙度。

表面	A	B	C	D	其余
Ra	0.8	1.6	3.2	6.3	12.5

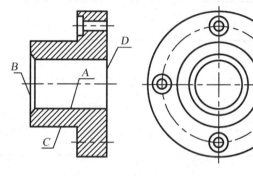

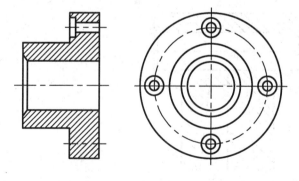

8-6 找出表面粗糙度标注的错误,将正确的标注在下图。

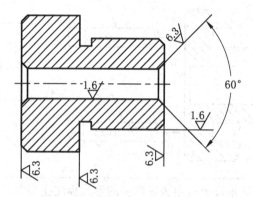

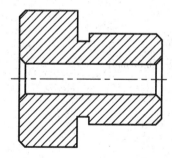

| 班级 | | 姓名 | | 序号 | | 批阅 | |

模块八 零件图

8-7 用文字说明图中所标注的形位公差的含义。

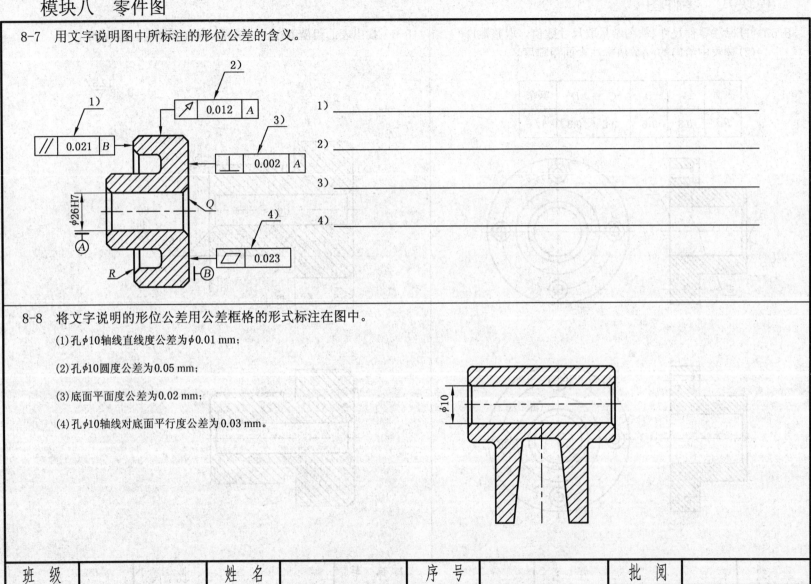

1) _____
2) _____
3) _____
4) _____

8-8 将文字说明的形位公差用公差框格的形式标注在图中。

(1) 孔$\phi 10$轴线直线度公差为$\phi 0.01$ mm；

(2) 孔$\phi 10$圆度公差为0.05 mm；

(3) 底面平面度公差为0.02 mm；

(4) 孔$\phi 10$轴线对底面平行度公差为0.03 mm。

模块八　零件图

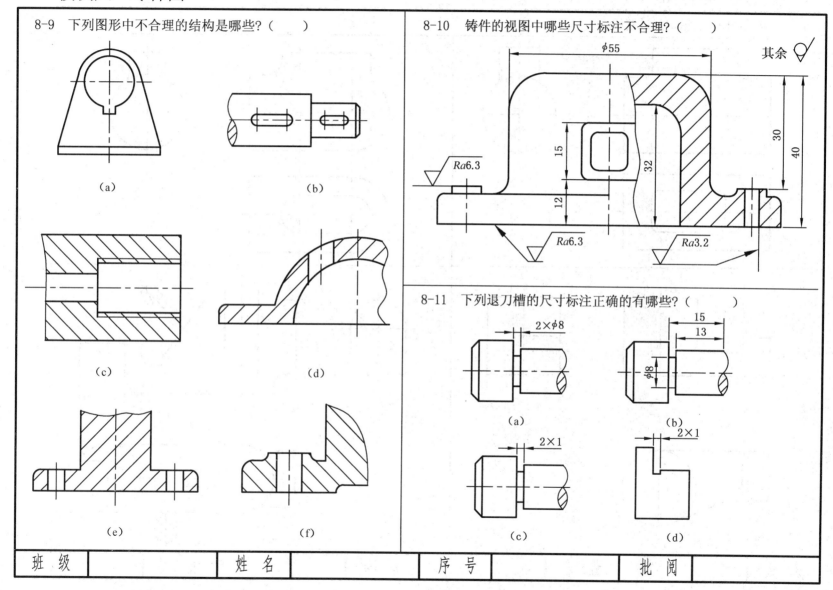

模块八 零件图

8-12 补画视图中所缺漏的过渡线。

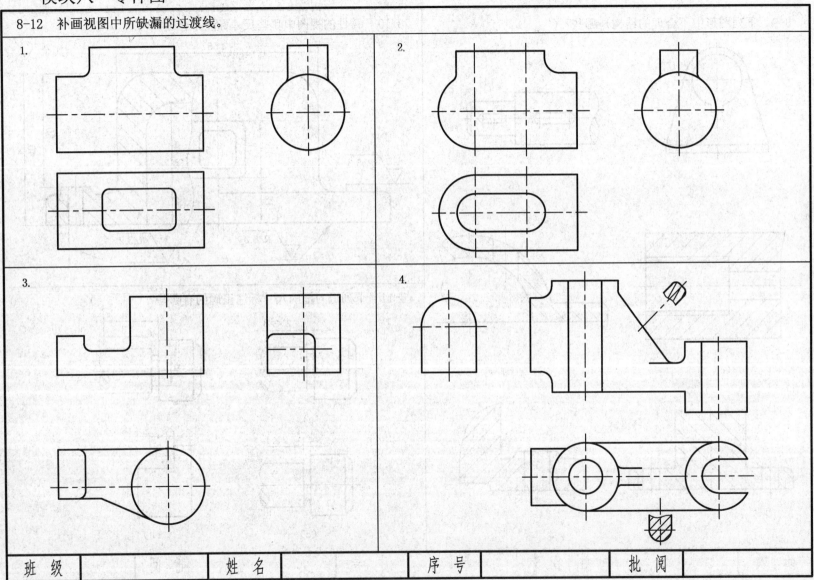

模块八 零件图

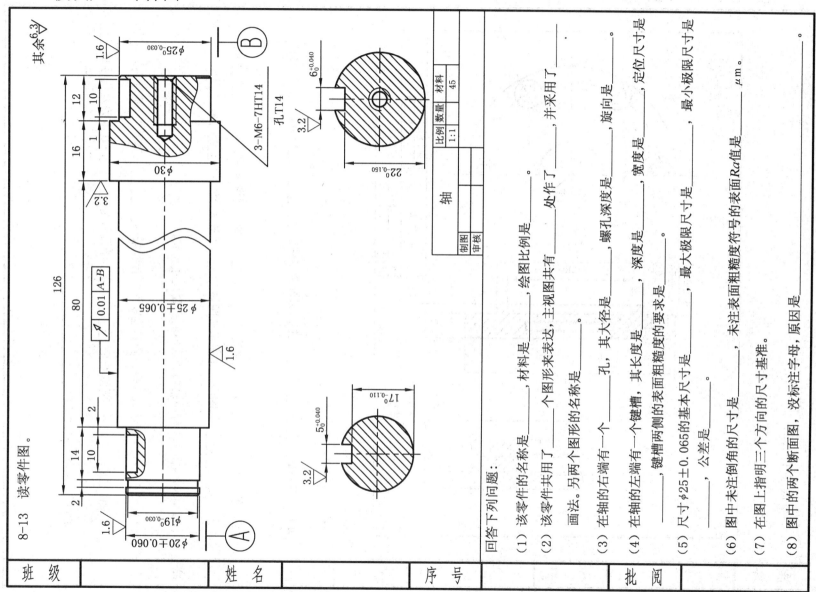

8-13 读零件图。

回答下列问题：

(1) 该零件的名称是_____，材料是_____，绘图比例是_____。

(2) 该零件用了_____个图形来表达，主视图共有_____处作了_____，并采用了_____画法。另两个图形的名称是_____。

(3) 在轴的右端有一个_____孔，其大径是_____，螺孔深度是_____。

(4) 在轴的左端有一个键槽，其长度是_____，深度是_____，宽度是_____，定位尺寸是_____，键槽两侧的表面粗糙度的要求是_____。

(5) 尺寸φ25±0.065的基本尺寸是_____，最大极限尺寸是_____，最小极限尺寸是_____，公差是_____。

(6) 图中未注倒角的尺寸是_____，未注表面粗糙度符号的表面Ra值是_____μm。

(7) 在图上指明三个方向的尺寸基准。

(8) 图中的两个断面图，没标注字母，原因是_____。

模块八 零件图

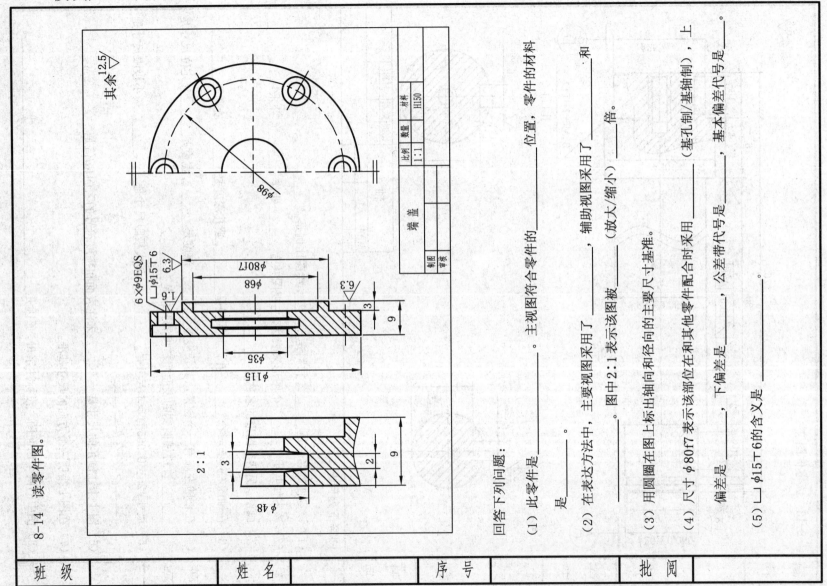

8-14 读零件图。

回答下列问题：

(1) 此零件是 _____。主视图符合零件的 _____ 位置，零件的材料是 _____。

(2) 在表达方法中，主视图采用了 _____，辅助视图采用了 _____ 和 _____。图中 2:1 表示该图被 _____（放大/缩小） _____ 倍。

(3) 用圆圈在图上标出轴向和径向的主要尺寸基准。

(4) 尺寸 φ80f7 表示该部位在和其他零件配合时采用 _____（基孔制/基轴制），上偏差是 _____，下偏差是 _____，公差带代号是 _____，基本偏差代号是 _____。

(5) ⌴φ15▼6 的含义是 _____。

模块八　零件图

8-15 读主动齿轮轴零件图，补绘轮齿部分的局部剖视图及尺寸，齿廓表面粗糙度为12.5，并在指定位置补绘图中所缺的移出断面图。

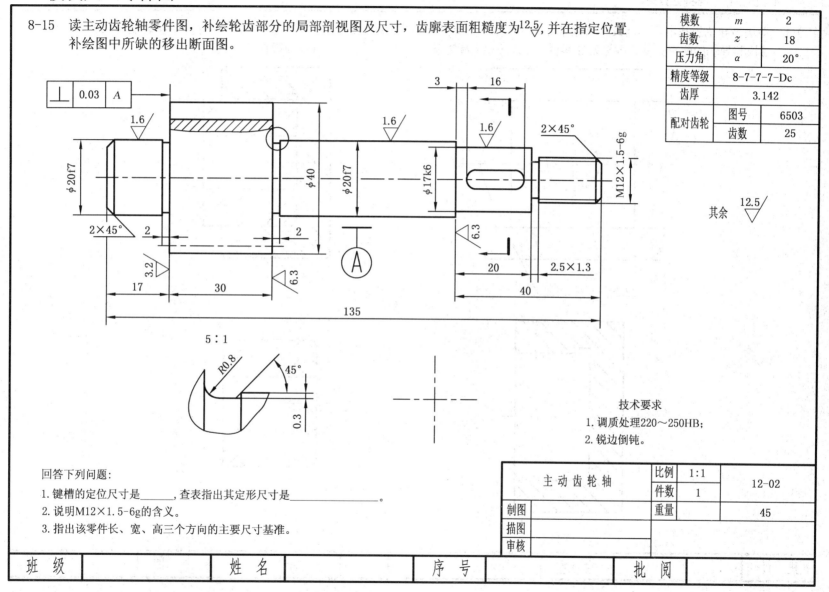

模数	m	2
齿数	z	18
压力角	α	20°
精度等级		8-7-7-7-Dc
齿厚		3.142
配对齿轮	图号	6503
	齿数	25

技术要求
1. 调质处理220～250HB；
2. 锐边倒钝。

主动齿轮轴　比例 1:1　件数 1　12-02　重量 45

回答下列问题：
1. 键槽的定位尺寸是_____，查表指出其定形尺寸是_____。
2. 说明M12×1.5-6g的含义。
3. 指出该零件长、宽、高三个方向的主要尺寸基准。

模块九 装配图

9-1 滑块与导轨的基本尺寸是24，采用基孔制间隙配合，标准公差等级均为IT8，滑块的基本偏差代号为e。在装配图(1)中标注滑块与导轨的配合尺寸，并分别在零件图(2)、(3)上标注基本尺寸、公差带代号及极限偏差数值。

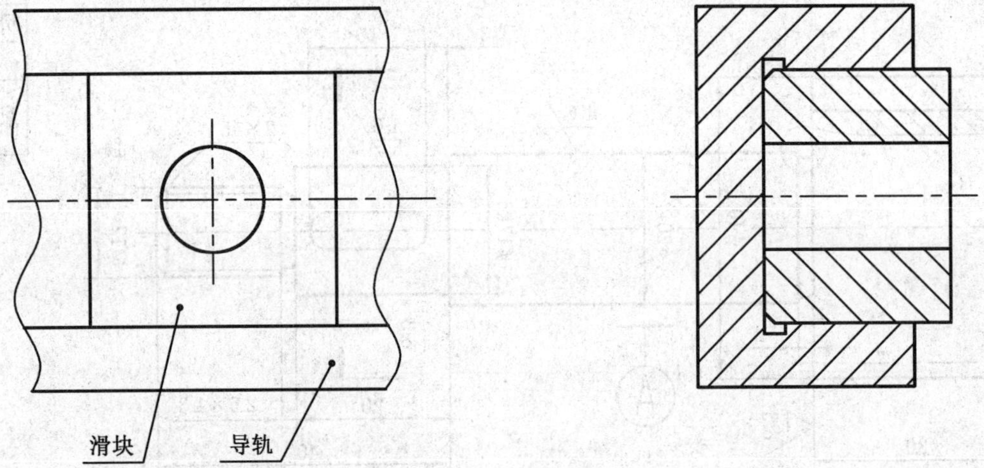

滑块　　导轨

(1)

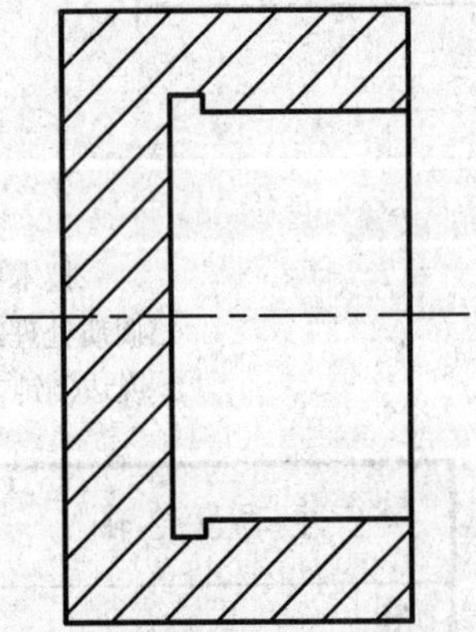

(2)

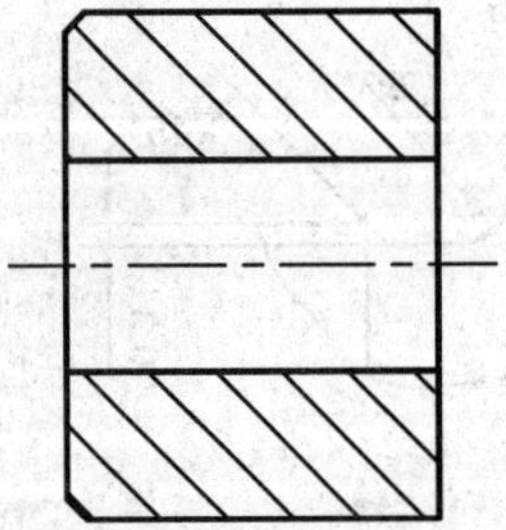

(3)

班　级		姓　名		序　号		批　阅	

模块九 装配图

9-2 根据装配图（1）中的配合尺寸，分别在零件图（2）、(3)、(4)上标注其基本尺寸、公差带代号及极限偏差数值。

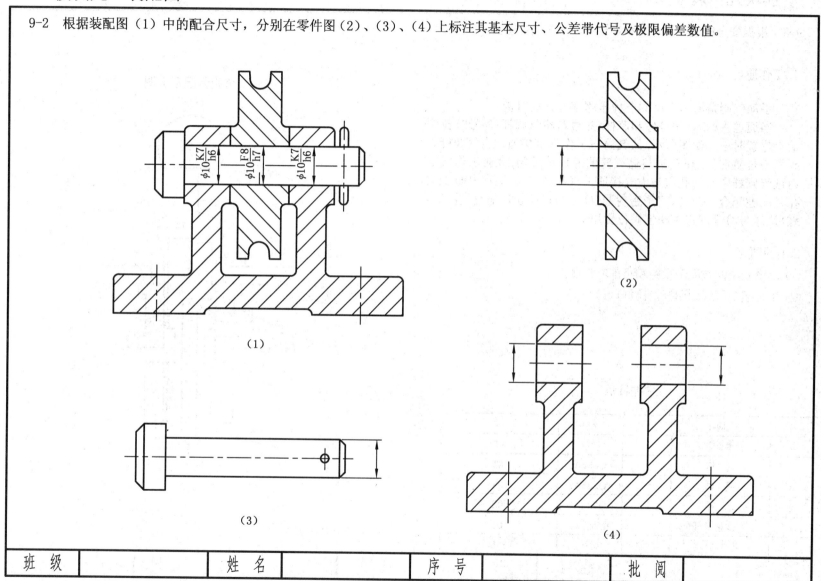

模块九　装配图

9-3 根据安全阀装配示意图和零件图，拼画装配图。

1. 工作原理

　　手动气阀是汽车上用的一种压缩空气开关机构。

　　当通过手柄球(序号1)和芯杆(序号2)将气阀杆(序号6)拉到最上位置时——如图所示，储气筒与工作气缸接通。当气阀杆推到最下位置时，工作气缸与储气筒的通道被关闭，此时工作气缸通过气阀杆中心的孔道与大气接通。气阀杆与阀体(序号4)上的孔是间隙配合，装有"O"形密封圈(序号5)以防止压缩空气泄漏，螺母(序号3)是固定手动气阀位置用的。

2. 作业要求

(1) 读懂安全阀装配示意图和全部零件图。
(2) 拼画装配图（A3图幅，比例1:1）。

安全阀装配示意图

零件目录

6	气阀杆	1	45	06
5	密封圈	4	橡胶	05
4	阀　体	1	Q235A	04
3	螺　母	1	Q235A	03
2	芯　杆	1	Q235A	02
1	手柄球	1	酚醛塑料	01
序号	零件名称	数量	材料	零件图号

班级		姓　名		序号		批阅	

模块九　装配图

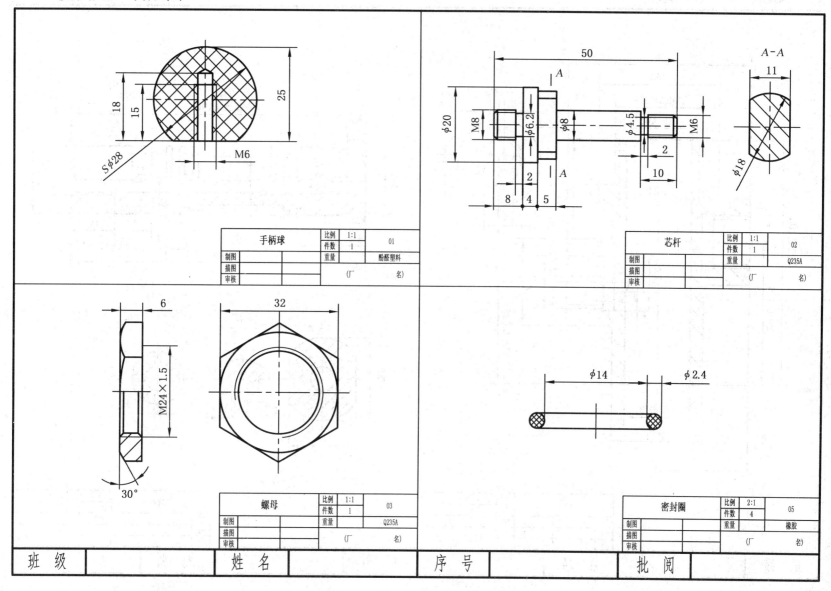

模块九 装配图

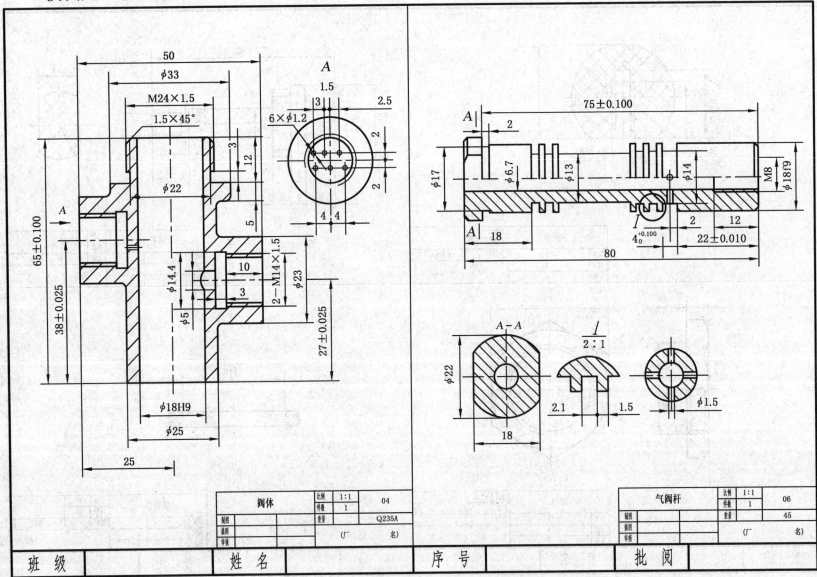

模块九 装配图

9-4 根据球阀装配示意图和零件图,拼画球阀装配图。

1. 工作原理

球阀是自来水开关机构。

通过转动阀杆(序号5)将阀芯(序号3)转到连通位置时——如图所示,自来水接通。当阀芯转到关闭位置时,自来水被切断关闭。

2. 作业要求

(1) 读懂安全阀装配示意图和全部零件图。
(2) 拼画装配图(A3图幅,比例1:1)。

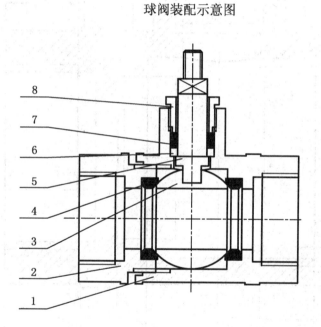

球阀装配示意图

零件目录

8	压盖	1	Q235A	08
7	密封环	1	橡胶	07
6	挡圈	1	Q235A	06
5	阀杆	4	Q235A	05
4	密封圈	1	橡胶	04
3	阀芯	1	铜	03
2	阀盖	1	Q235A	02
1	阀体	1	Q235A	01
序号	零件名称	数量	材料	零件图号

班级		姓名		序号		批阅	

模块九 装配图

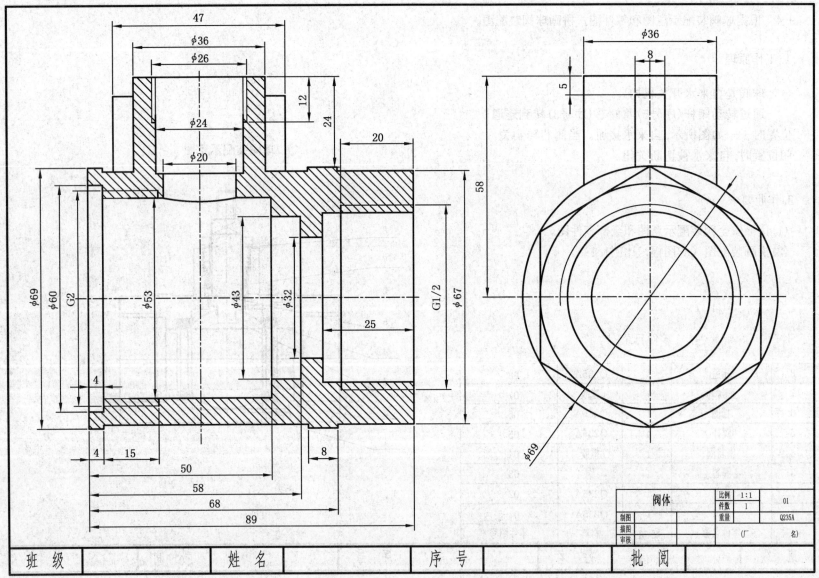

模块九　装配图

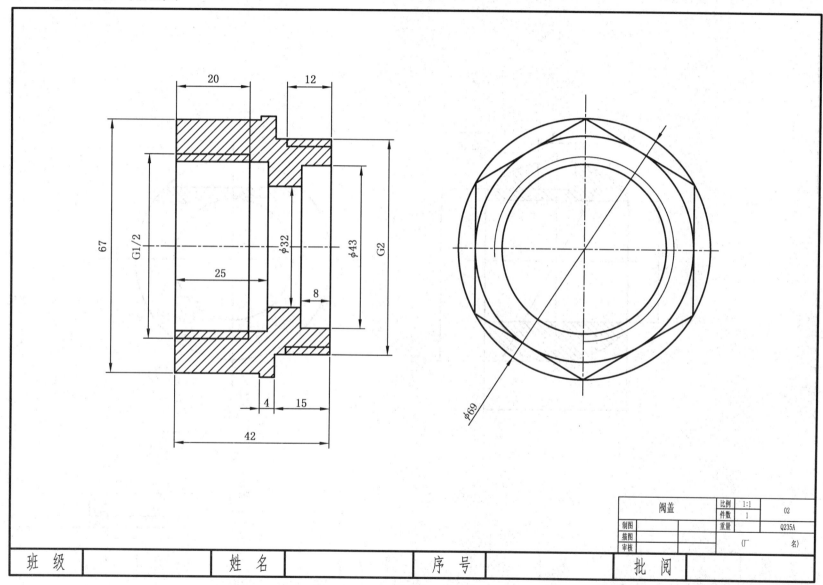

模块九 装配图

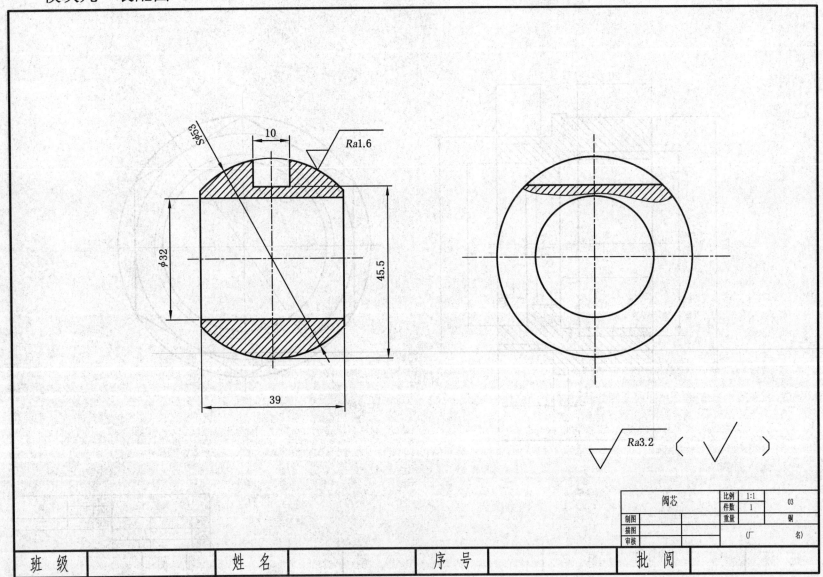

模块九 装配图

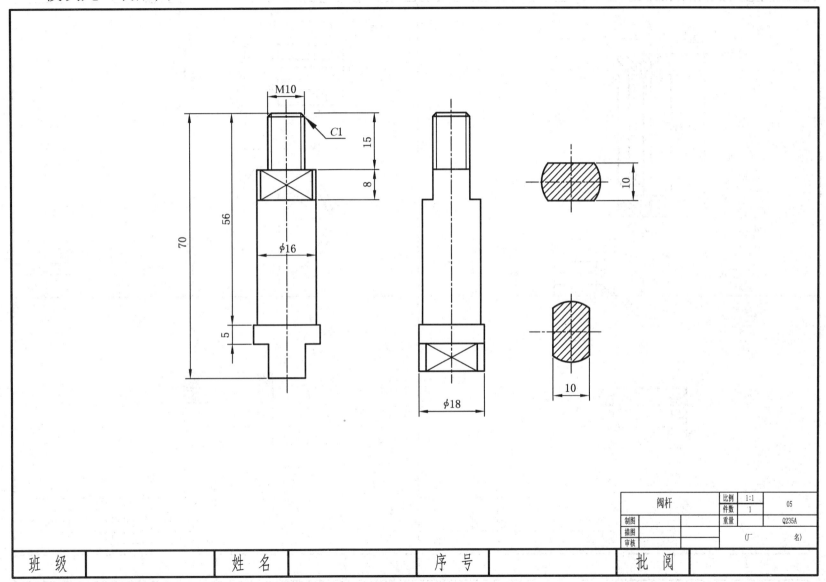

模块九　装配图

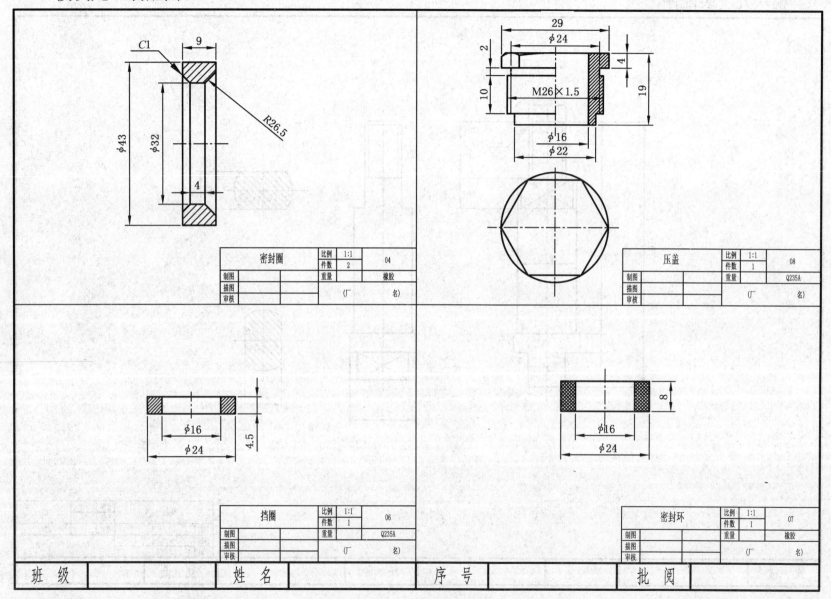

模块九 装配图

9-5 读平口钳装配图，并拆画零件图。

1. 工作原理

平口钳用于装卡被加工的零件。使用时将固定钳体(序号8)安装在工作台上，旋转丝杆(序号10)推动套螺母(序号5)及活动钳体(序号4)作直线往复运动，从而使钳口板开合，以松开或夹紧工件，紧固螺钉(序号6)用于加工时锁紧套螺母(序号5)，以防止零件松动。

2. 读懂平口钳装配图，完成下列读图要求。

(1) 回答问题

① 平口钳由_____种零件组成。其中序号是_____的零件是标准件。主视图采用_____剖，左视图采用_____剖，俯视图采用_____剖。

② 活动钳体(序号4)靠_____与套螺母(序号5)连接在一起，转动_____带动_____移动，从而带动活动钳体作往复直线运动。

③ 紧固螺钉(序号6)上面的两个小孔起什么作用？

④ 丝杆(序号10)和挡圈(序号1)用_____连接。钳口板(序号7)与固定钳体(序号8)用_____连接。

⑤ 垫圈(序号3)和(序号9)的作用是什么？

⑥ 下列尺寸各属于装配图中的何种尺寸？
0～91属于_____尺寸，$\phi 28H8/f8$属于_____尺寸。
160属于_____尺寸，270属于_____尺寸。

⑦ $\phi 25H8/f8$是_____和_____的配合尺寸，轴孔配合属于_____制，_____配合。$\phi 25$是_____尺寸，H8是_____代号，f是_____代号。

(2) 根据平口钳装配图拆画零件图

① 用1:1的比例在A3图纸上拆画固定钳体(序号8)的零件图。
各表面的表面结构参数Ra值（μm）可按以下要求标注：
两端轴孔表面（$\phi 25, \phi 14$）可选1.6。
上表面及方槽中的接触表面可选3.2。
安装钳口板处两表面可选6.3。
其余切削加工面可选25。

铸造表面为 $\sqrt{Ra25}$

② 用1:1的比例在A3图纸上拆画活动钳体(序号4)的零件图（只画图，不标注尺寸及表面结构要求等）。

| 班级 | | 姓名 | | 序号 | | 批阅 | |

模块九 装配图

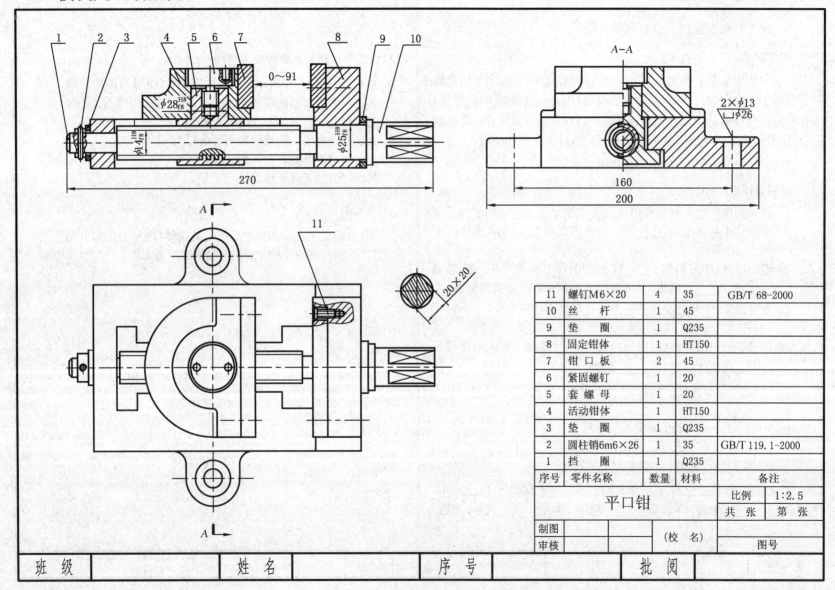

模块九 装配图

9-6 根据齿轮减速器装配示意图及零件图，拼画齿轮减速器装配图。

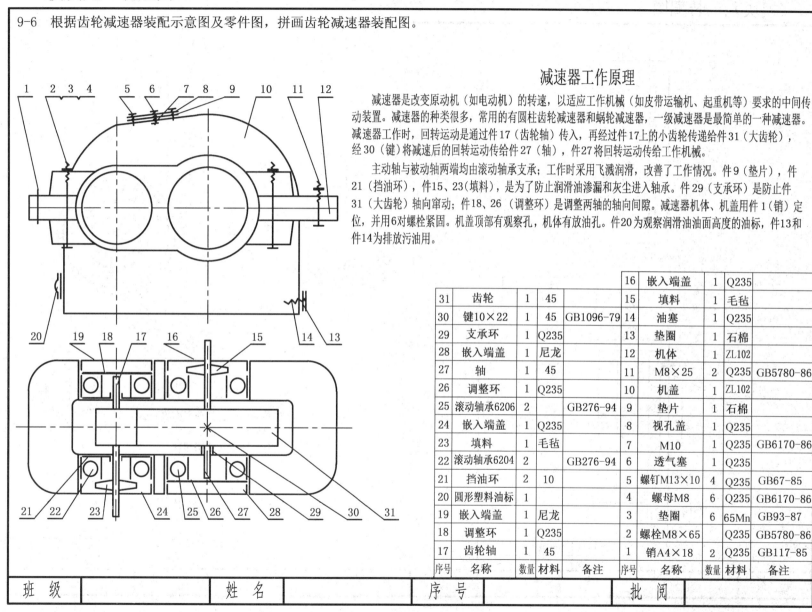

减速器工作原理

减速器是改变原动机（如电动机）的转速，以适应工作机械（如皮带运输机、起重机等）要求的中间传动装置。减速器的种类很多，常用的有圆柱齿轮减速器和蜗轮减速器，一级减速器是最简单的一种减速器。减速器工作时，回转运动是通过件17（齿轮轴）传入，再经过件17上的小齿轮传递给件31（大齿轮），经30（键）将减速后的回转运动传给件27（轴），件27将回转运动传给工作机械。

主动轴与被动轴两端均由滚动轴承支承；工作时采用飞溅润滑，改善了工作情况。件9（垫片），件21（挡油环），件15、23（填料），是为了防止润滑油渗漏和灰尘进入轴承。件29（支承环）是防止件31（大齿轮）轴向窜动；件18、26（调整环）是调整两轴的轴向间隙。减速器机体、机盖用件1（销）定位，并用6对螺栓紧固。机盖顶部有观察孔，机体有放油孔。件20为观察润滑油油面高度的油标，件13和件14为排放污油用。

序号	名称	数量	材料	备注	序号	名称	数量	材料	备注
31	齿轮	1	45		16	嵌入端盖	1	Q235	
30	键10×22	1	45	GB1096-79	15	填料	1	毛毡	
29	支承环	1	Q235		14	油塞	1	Q235	
28	嵌入端盖	1	尼龙		13	垫圈	1	石棉	
27	轴	1	45		12	机体	1	ZL102	
26	调整环	1	Q235		11	M8×25	2	Q235	GB5780-86
25	滚动轴承6206	2		GB276-94	10	机盖	1	ZL102	
24	嵌入端盖	1	Q235		9	垫片	1	石棉	
23	填料	1	毛毡		8	视孔盖	1	Q235	
22	滚动轴承6204	2		GB276-94	7	M10	1	Q235	GB6170-86
21	挡油环	2	10		6	透气塞	1	Q235	
20	圆形塑料油标	1			5	螺钉M13×10	4	Q235	GB67-85
19	嵌入端盖	1	尼龙		4	螺母M8	6	Q235	GB6170-86
18	调整环	1	Q235		3	垫圈	6	65Mn	GB93-87
17	齿轮轴	1	45		2	螺栓M8×65	6	Q235	GB5780-86
					1	销A4×18	2	Q235	GB117-85

模块九 装配图

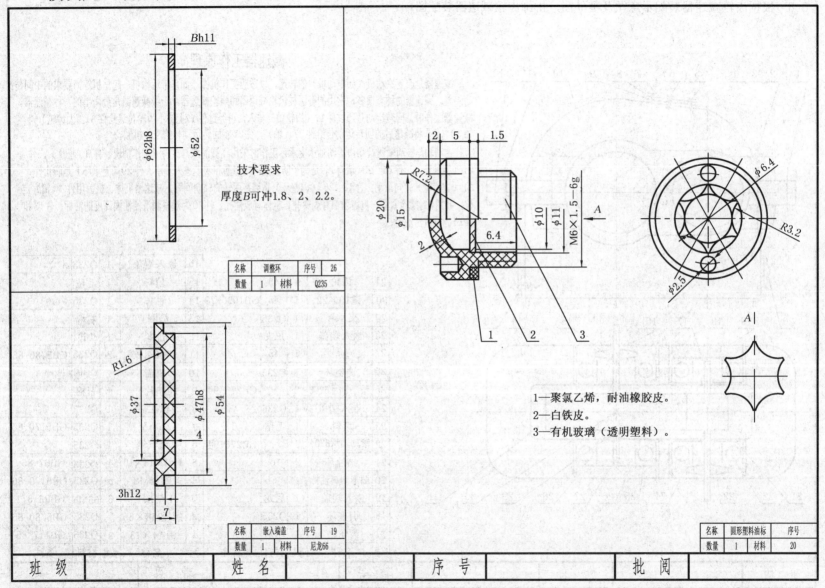

模块九　装配图

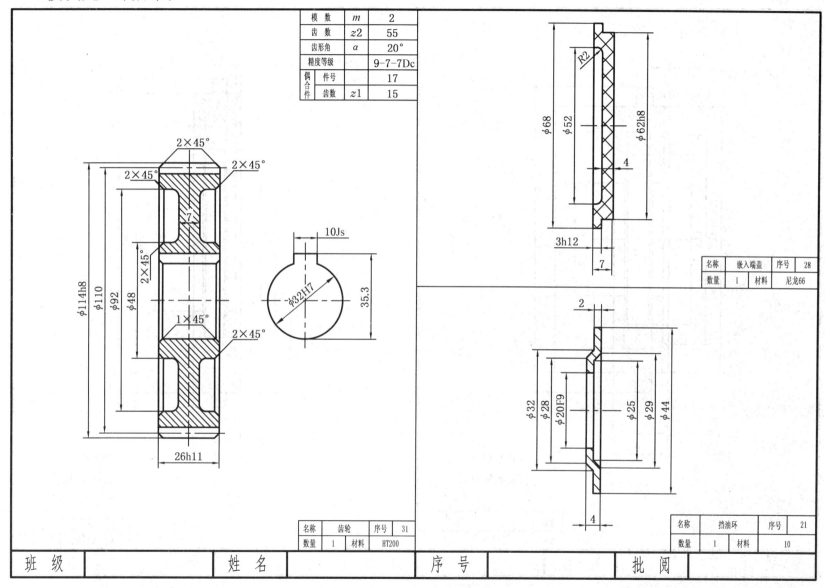

模块九 装配图

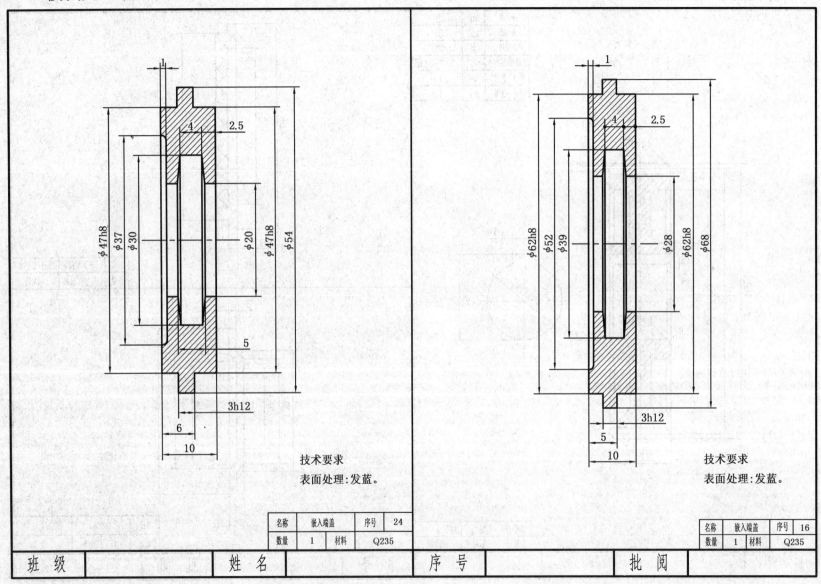

模块九 装配图

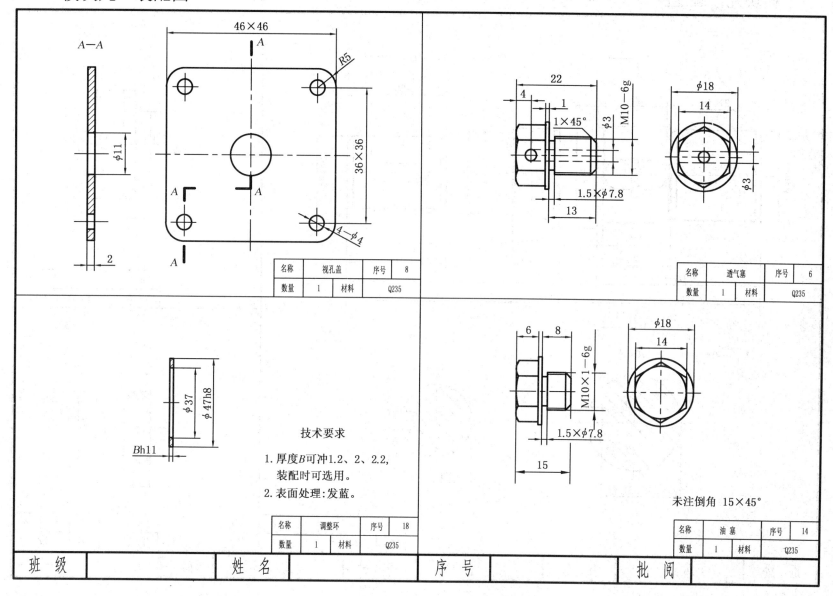

模块九　装配图

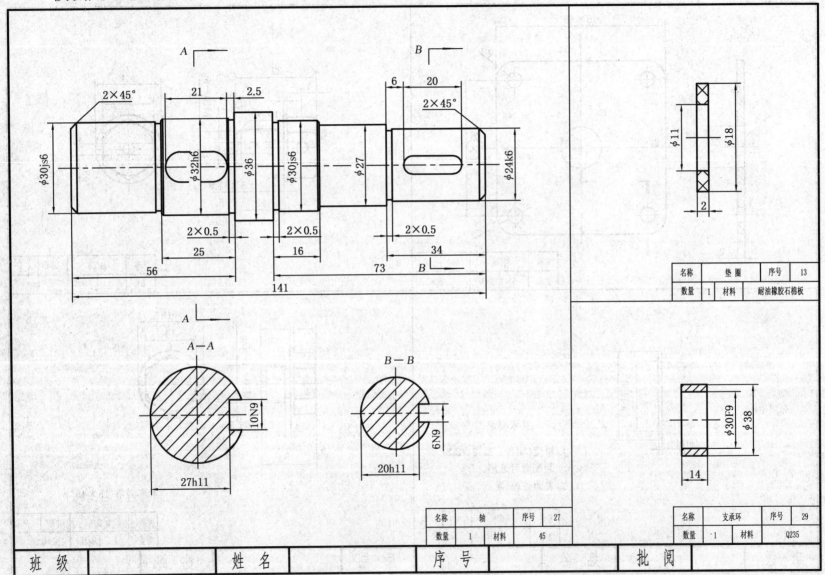

模块九　装配图

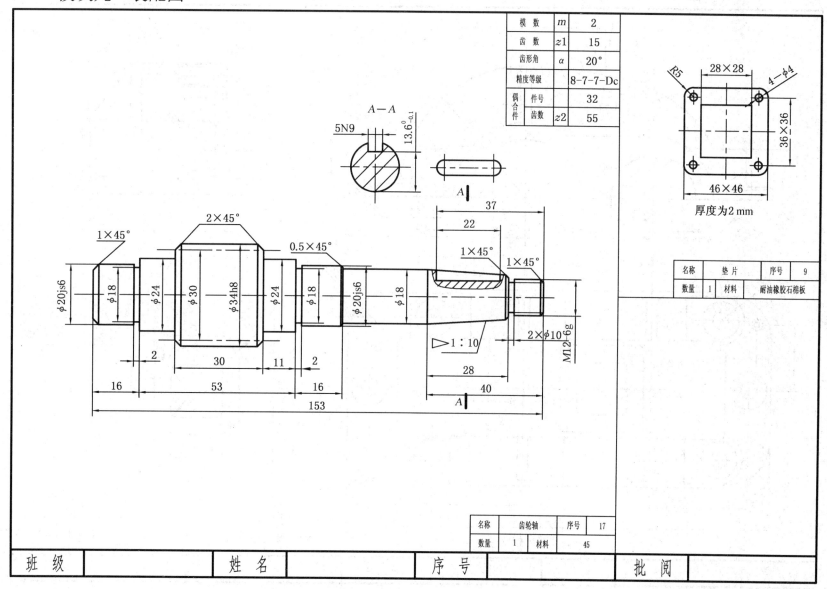

模块九　装配图

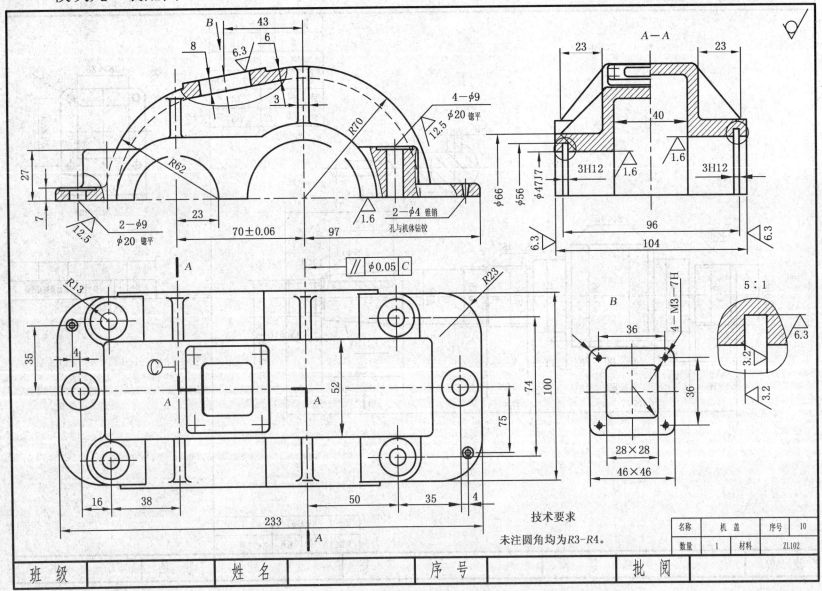

模块九 装配图

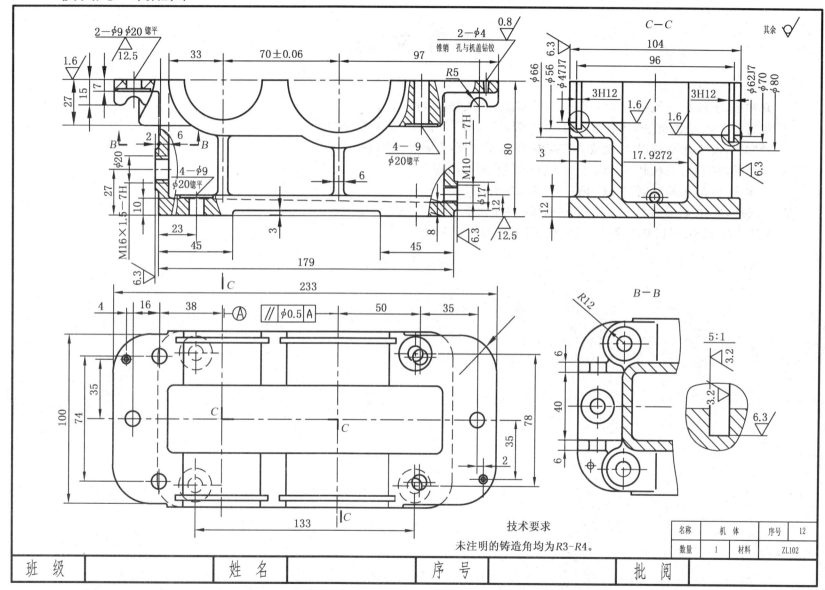

参 考 文 献

[1] 郑和东,成海涛. 机械制图[M]. 哈尔滨:哈尔滨工程大学出版社,2010.
[2] 编写委员会. 机械制图国家标准汇编(2010版)[M]. 北京:中国标准出版社,2010.
[3] 蒋知民,张洪鏸. 怎样识读《机械制图》新标准[M]. 北京:机械工业出版社,2010.
[4] 李绍鹏,刘冬敏. 机械制图[M]. 上海:复旦大学出版社,2011.
[5] 郭永成,赖志刚. 机械制图[M]. 南京:南京大学出版社,2013.
[6] 江建刚,罗林. 机械制图[M]. 哈尔滨:哈尔滨工业大学出版社,2013.
[7] 王其昌,翁民玲. 机械制图[M]. 北京:机械工业出版社,2014.